ドッグファイトの科学
改訂版

知られざる空中戦闘機動の秘密

赤塚 聡

SB Creative

著者プロフィール

赤塚 聡（あかつか さとし）

1966年、岐阜県生まれ。航空自衛隊の第7航空団（百里基地）でF-15Jイーグルのパイロットとして勤務。現在は航空カメラマンとして航空専門誌などを中心に作品を発表するほか、執筆活動や映像ソフトの監修なども行っている。日本写真家協会（JPS）会員。おもな著書は『航空自衛隊「装備」のすべて』『ブルーインパルスの科学』『ドッグファイトの科学』（サイエンス・アイ新書）、『航空自衛隊の翼 60th』（イカロス出版）。

本文デザイン・アートディレクション：クニメディア株式会社
イラスト：青井邦夫
校正：曽根信寿

はじめに

　現在、世界の空では何十万機にもおよぶ航空機が飛行しています。1903年のライト兄弟による人類初の動力飛行以来、1世紀あまりの間に航空機は飛躍的な発展を遂げてきました。

　第一次世界大戦や第二次世界大戦に革新的な兵器として投入された戦闘機は、その時代における最先端の技術が惜しみなく投入され、驚異的なスピードで進化して今日に至っています。

　戦闘機同士による本格的なドッグファイト(格闘戦)は、すでに第一次世界大戦の時代から始まりました。使用されるウエポン(搭載兵器)は、最初は機関銃でしたが、その後は破壊力の大きい機関砲が装備され、さらに第二次世界大戦後に空対空ミサイルが開発されると、ドッグファイトの様相は大きく変化しました。

　現在ではミサイル技術の進化により、目視できないような遠距離から相手を攻撃することが可能になりましたが、これは裏を返せば、いつ相手のミサイルが自分に向かって飛んでくるのかわからないということです。

　不用意に相手に近づくとミサイル攻撃を受ける危険

性が高まるばかりでなく、近距離でのドッグファイトはリスクが高く、膠着状態に陥るケースが多いため、現代の戦闘機同士の戦闘では、まず目視距離外でいかにミサイルにより相手を先に撃墜できるかどうかに重点が置かれています。

そのため、ドッグファイトありきの戦術が計画されることはほとんどなくなりましたが、はたしてもうドッグファイトは起こりえないのでしょうか?

答えはノーです。ミサイルの誘導技術とともにそれをかわす対抗手段も日々進化しているため、目視距離外で発射したミサイルがかならずしも命中するとはかぎらないことや、レーダーに映りにくいステルス戦闘機の登場により、近距離に接近するまで互いの存在に気づかずに予期せず遭遇する可能性もあり、ドッグファイトに突入する可能性は依然として残っています。

「いかに相手より早期に発見し、有効に対処するか」

ファイター・パイロットたちは、この一見シンプルながら奥の深い課題に、1世紀以上の長きにわたって日夜挑み続けているのです。

はるか空の彼方で繰り広げられるドッグファイトを、一般の方が目のあたりにする機会は残念ながらありません。はたしてドッグファイトは、どのようにして行われているのでしょうか? 本書ではその秘密に迫るべく、基本的な飛行の原理から実際の戦法に至るまで、図解とともに解説しています。

まず第1章では、航空機の飛行に関する原理・法則に始まり、機体の性能を最大限に発揮するために訓練される曲技飛行の課目などについて解説しています。

続く第2章では、機体の保有エネルギーと機動の関係や各種の基本戦闘機動について、そして第3章では、ドッグファイトには欠かせない、戦闘機が搭載するウエポンについて紹介しています。

さらに第4章では、ドッグファイトの歴史や実際の戦闘の局面で使用されてきた各種の戦術、そして戦闘の一連の流れなどを具体的に解説しています。

最後の第5章では、ドッグファイトや戦闘機の運用などについてみなさんが抱かれるであろう素朴な疑問への回答をまとめています。

この改訂版では、**各章の情報のアップデートをはじめ、格闘戦用ミサイルを用いた最新の戦技や、ステルス機の実用化にともなう空対空戦闘の情勢の変化などについて補足**しています。

3次元の空間を縦横無尽に飛行する戦闘機の機動を理解することは決して簡単ではありませんが、本書がその理解を深める一助となれば幸いです。

最後になりましたが、すばらしいイラストを描いていただいた青井邦夫さんにあらためて感謝いたします。

2018年5月　赤塚 聡

CONTENTS

はじめに 3

第1章 戦闘機の機動の基本を知る 9

- **1-01** 飛行中の航空機に働く4つの力 10
- **1-02** 3軸周りの運動と操縦システム 12
- **1-03** 揚力と迎え角の関係、失速のメカニズム 14
- **1-04** 速度と荷重の関係 18
- **1-05** 飛行速度と旋回率、旋回半径との関係 20
- **1-06** 空力抵抗と余剰推力 22
- **1-07** ハイGターン、サステインドGターン 24
- **1-08** ループ、エルロンロール 26
- **1-09** インメルマン・ターン、ピッチ・バック 28
- **1-10** スプリットS、スライス・バック 30
- **1-11** バレル・ロール、アンロード加速 32
- **Column01** 進化する操縦システム 34

第2章 各種の基本戦闘機動 35

- **2-01** ドッグファイトとは 36
- **2-02** 機動と保有エネルギーとの関係 38
- **2-03** 機体相互の位置関係と追尾機動 40
- **2-04** ハイスピード・ヨーヨー 42
- **2-05** ロースピード・ヨーヨー 44
- **2-06** バレルロール・アタック 46
- **2-07** ブレイク・ターン 48
- **2-08** シザーズ、ローリング・シザーズ 50
- **2-09** ジンキング、スリップ 52
- **2-10** 現代の攻撃機動法 54
- **2-11** 現代の防御機動法 56
- **2-12** スナップロール、木の葉落とし 58
- **Column02** パイロットに加わる「G」 60

第3章 戦闘機に搭載される武装 61

- **3-01** ミサイルの基本構成 62
- **3-02** 空対空ミサイルの種類と運用 64
- **3-03** AIM-9サイドワインダー(米) 66
- **3-04** AAM-5(日本) 68
- **3-05** AIM-7スパロー(米) 70
- **3-06** R-27(露) 72

3-07 AIM-120 AMRAAM(米) ·········· 74
3-08 AAM-4(日本) ·········· 76
3-09 R-77(露) ·········· 78
3-10 ミーティア(欧州) ·········· 80
3-11 M61A1バルカン砲(米) ·········· 82
3-12 火器管制レーダー(FCR) ·········· 84
3-13 ヘッド・アップ・ディスプレイ(HUD) ·········· 86
3-14 電子妨害(ECM)装置 ·········· 88
3-15 チャフ、フレア、曳航式デコイ ·········· 90
3-16 HOTAS:スティック(操縦桿) ·········· 92
3-17 HOTAS:スロットル・レバー ·········· 94
Column03 戦闘機搭載用レーダーの進化 ·········· 96

第4章 戦闘機の戦い方 ·········· 97

4-01 第一次世界大戦の空中戦 ·········· 98
4-02 第二次世界大戦の空中戦❶ ·········· 100
4-03 第二次世界大戦の空中戦❷ ·········· 102
4-04 朝鮮戦争の空中戦 ·········· 104
4-05 金門馬祖上空戦 ·········· 106
4-06 ベトナム戦争の空中戦❶ ·········· 108
4-07 ベトナム戦争の空中戦❷ ·········· 110
4-08 中東戦争の空中戦 ·········· 112
4-09 フォークランド紛争の空中戦 ·········· 114
4-10 湾岸戦争以降の空中戦 ·········· 116
4-11 航空(防空)作戦の一連の流れ ·········· 118
4-12 ❶敵機の発見・識別 ·········· 120
4-13 ❷戦闘(要撃)開始 ·········· 122
4-14 ❸会敵 ·········· 124
4-15 一撃離脱戦法 ·········· 126
4-16 ロッテ戦術 ·········· 128
4-17 シュヴァルム戦術 ·········· 130
4-18 サッチ・ウィーブ ·········· 132
4-19 ワゴン・ホイール ·········· 134
4-20 フルード・フォー ·········· 136
4-21 アブレスト❶ ·········· 138
4-22 アブレスト❷ ·········· 140
4-23 アブレスト❸ ·········· 142
4-24 爆撃機に対する戦闘 ·········· 144
4-25 ❹離脱 ·········· 146
Column04 エース・パイロットとは? ·········· 148

SB Creative

CONTENTS

第5章 素朴な疑問 149

5-01 太陽を背にすると本当に有利? 150

5-02 敵機の数が自分たちよりも多いときは? 152

5-03 新米パイロットは
編隊のいちばん後ろなの? 154

5-04 スクランブル発進のときの手順は? 156

5-05 ドッグファイトがいちばん強い戦闘機は? ... 158

5-06 古い機体で新しい機体に
勝てることはある? 160

5-07 航空自衛隊は格闘戦に強い? 162

5-08 機関砲はどのくらいの距離から撃つの? 164

5-09 実弾訓練はどうやっているの? 166

5-10 敵機にロックオンされるとわかるの? 168

5-11 アグレッサー飛行隊や
アドバーサリー飛行隊とは? 170

5-12 戦闘機パイロットになるには
どうすればいい? 172

5-13 緊急射出装置は絶対作動する? 174

5-14 ドッグファイトで窮地に陥ったらどうするの? ... 176

5-15 ステルス機の登場で
ドッグファイトはなくなる? 178

5-16 地上からの攻撃には
どうやって備えているの? 180

5-17 空対空ミサイルはどこからでも撃てるの? ... 182

5-18 対地攻撃はどうやって行う? 184

5-19 対艦攻撃はどうやって行う? 186

Column05 「離島奪還作戦」で
戦闘機はどう行動する? 188

参考文献 189

索引 190

第1章
戦闘機の機動の基本を知る

3次元空間を自由自在に駆け抜ける戦闘機は、どんなしくみで飛行しているのでしょうか。第1章では飛行に関する原理や物理法則、そして機体の最大性能を発揮するために編みだされた「曲技飛行」の課目について解説します。

写真/赤塚 聡

Science of a Dogfight

1-01 飛行中の航空機に働く4つの力

―戦闘機の機動の基本原理 ❶

　戦闘機のドッグファイト（格闘戦）について解説する前に、まず戦闘機の飛行に関する基本的な原理や運動についてご紹介しましょう。これは戦闘機のみならず、旅客機をはじめとする航空機全体に共通する物理的な法則です。

　飛行中の航空機には常に4つの力が働いています。機体を中心として前方に推力（Thrust）、後方に抗力（Drag）、上方に揚力（Lift）、下方に重力（Weight）が作用しており、水平かつ一定速度で飛行している場合、この4つの力は相互にバランスがとれた関係にあります。仮に抗力より推力が大きな場合は加速しますし、重力（重量）より揚力が大きな場合は上昇します。

　抗力や重力は、機体の外部搭載物や搭載燃料量などで決定されてしまいますが、一方で推力と揚力についてはパイロットが任意にコントロールすることができます。そしてコントロールが可能な範囲やその絶対値が大きい機体ほど、一般的に性能がすぐれているといえます。

　基本的に航空機は機体の姿勢を変化させて、揚力の大きさや方向を自在に変えることで、上昇や降下そして旋回などの機動を行います。旋回する場合は機体を旋回する方向に傾けて、揚力の水平成分を旋回（円運動）に必要な向心力に割り当てます。その際に通常の水平飛行時より揚力の垂直成分が減少するので、高度を一定にして水平に旋回する場合は、機首を上げて主翼の迎え角を増やすことで、不足する揚力を補います。もし必要な揚力が2倍になった場合、その反作用として機体やパイロットには、下向きに2倍の重力加速度（G）が加わることになります。

航空機に働く4つの力

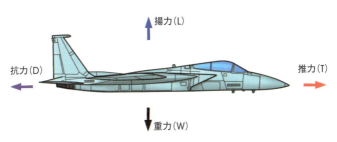

T=D：等速飛行、T>D：加速、T<D：減速
L=W：水平飛行、L>W：上昇、L<W：降下

左旋回中の航空機に働く力の釣り合い

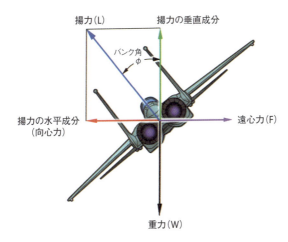

水平旋回の維持に必要な重力加速度(荷重倍数)「G」は、以下の式で求められる

$$\frac{L}{W} = \frac{1}{\cos\phi}$$

揚力(L)、重力(W)、バンク角(φ)

たとえば60度バンクの水平旋回に必要なGは、$\frac{1}{\cos 60°}$ から、2Gと求められる $\left(\cos 60° = \frac{1}{2}\right)$

Science of a Dogfight
1-02

3軸周りの運動と操縦システム

―戦闘機の機動の基本原理 ❷

　航空機の運動で特徴的なのは、地上を走行する自動車などとは異なり、前後左右以外に上下方向も加えた3次元の機動が行えることです。

　機体運動の方向には、機体を中心として前後方向の縦軸(X軸)、左右方向の横軸(Y軸)、そして垂直方向の垂直軸(Z軸)という3つの軸があります。それぞれの軸周りの運動は、ローリング、ピッチング、ヨーイングと呼称されており、パイロットがコクピット内の操縦装置でコントロールします。

　操縦装置にはエルロンとエレベーター(スタビレーター)を操作するコントロール・スティック(操縦桿)と、ラダーを操作するラダー・ペダルがあるほか、エンジンの出力を制御するスロットル・レバーがあります。パイロットはこれらの操縦装置を両手両足で操作して、機体をコントロールします。

　戦闘機の場合、パイロットの正面に配置された操縦桿は右手で操作します。操縦桿を左右に動かすことによりエルロンが互いに逆方向に作動して、機体がロール方向に動きます。また前後に動かすことによりエレベーターが作動して、機体がピッチ方向に動きます。なお、足下にあるラダー・ペダルは両足で操作します。左右のいずれか一方を踏み込むことによりラダーが作動して、機体がヨー方向に動きます。

　スロットル・レバーは左側に配置されており、左手で操作します。前後に動かすことにより、エンジンの推力が増減します。双発機の場合はスロットル・レバーが2本あり、左右で別々に操作することが可能です。

第1章 戦闘機の機動の基本を知る

航空機の3軸周りの運動

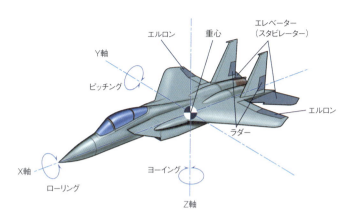

操縦桿およびラダー・ペダルの操作と航空機の動き

■操縦桿を左右に動かす
エルロン（補助翼）が作動→ロール方向の力が生じる→機首が右/左にロールする→操縦桿を戻すまでロールし続ける

※1 エルロンは左右同時に逆方向に動く

■操縦桿を前後に動かす
エレベーター（昇降舵）が作動→ピッチ方向の力が生じる→機首が上がる/下がる→飛行機は上昇/下降する

※2 エレベーターは左右同時に同方向に動く

■左右のラダー・ペダルを踏む
ラダー（方向舵）が作動→ヨー方向の力が生じる→機首が右/左を向く

※3 機首は左右に向くが、航空機は横滑りしてほぼまっすぐに飛ぶ

13

Science of a Dogfight
1-03

揚力と迎え角の関係、失速のメカニズム

―戦闘機の機動の基本原理 ❸

　戦闘機の機動性を決定するうえで重要な鍵を握っている要素のひとつに、主翼が発生する揚力があります。

　揚力は次の式で求めることができます。

$$L = C_L \frac{1}{2} \rho V^2 S \quad (揚力＝揚力係数×動圧×翼面積)$$

揚力：L、揚力係数：C_L、空気密度：ρ、飛行速度：V、翼面積：S

　このなかで飛行中にパイロットが任意にコントロールできるパラメーターは、基本的に「揚力係数」と「速度」の2つです。揚力係数は主翼が発生可能な揚力の度合いを示す無次元の係数で、主翼の翼弦線と主翼が受ける気流との成す角（迎え角：α）により増減します。

　操縦桿を引いて迎え角を増加させることにより発生する揚力は増大しますが、大きな揚力を得ようとして迎え角を上げすぎると、主翼上面の気流が剥離して揚力が一気に減少してしまうだけでなく、空力抵抗も急激に増大してしまうため、高度の保持や姿勢の制御が困難になってしまいます。この現象を失速（ストール）といいます。なお失速は速度によらず、あくまでも迎え角で定義されます。

　失速状態に陥っても、操縦桿を引き続けて迎え角を減少させない場合は、機体の安定性が失われて姿勢が急激に変化する「ディパーチャー」や、錐もみ降下してしまう「スピン」と呼ばれる状態に悪化していきます。この状態では機体の制御自体が困難になりますので、パイロットには機体をこの領域に絶対に入れないような操縦技術が求められます。

　失速は迎え角計や速度計といった計器類をモニターすることに

より防止できるほか、気流の剥離により機体が小刻みに振動する「バフェット」と呼ばれる現象が事前に現れるので、ある程度体感でも感知することが可能です。

なお、迎え角を増加させた場合、上向きに発生する空気力（揚力）の発生方向は基本的に翼弦線に対してほぼ垂直であるため、機体の進行方向に対して抵抗となるような成分が増加します。この誘導抗力（誘導抵抗）と呼ばれる後ろ向きの力が、機動する航空機のエネルギーを大きく奪ってしまう要因となっています。また迎え角の増加にともなって機体の正面面積も増加するため、形状抗力も水平飛行時に比べて大きくなります。

失速（ストール）のメカニズム

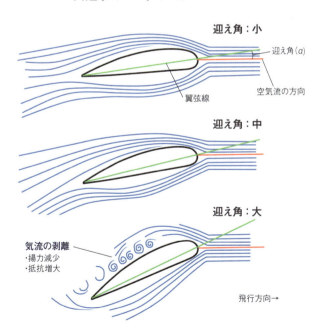

迎え角と揚力係数の関係

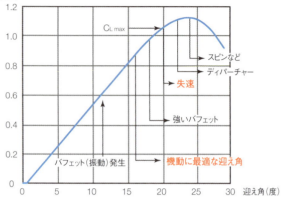

揚力係数は迎え角が大きくなると増え、翼型にもよるが16度ぐらいが機動に最適な大きさとなる。しかし20度以上になると失速、ディバーチャー、スピンなどの危険な状態を引き起こしてしまう

失速からの回復

揚力と誘導抗力の関係

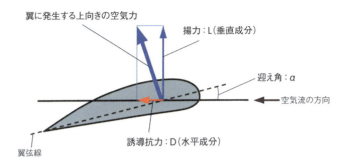

迎え角を大きく取りすぎると誘導抗力が発生して抵抗となり、航空機の機動に必要なエネルギーを奪ってしまう

Science of a Dogfight
1-04

速度と荷重の関係

—戦闘機の機動の基本原理 ④

　戦闘機が機動する際に必要となる「揚力」については前項でも説明しましたが、それではどの程度の大きさまで揚力を発生させることができるのでしょうか？　最大速度で飛行しているときに操縦桿を大きく手前に引いて、揚力係数が最大となる迎え角を取れば、その機体における最大の揚力が得られることは揚力の計算式からも明らかです。しかしその場合は、過大な揚力によってもたらされる荷重に機体が耐えられません。

　どんな機体にも許容可能な荷重倍数（G）には制限があり、戦闘機の場合は正の方向に7〜9倍、負の方向に3倍程度に制限されています。つまり重量20トンの機体であれば、140〜180トンの揚力が発生した時点で、機体構造を保護するためにそれ以上操縦桿を引かないようにする必要があります。こうした制限をはじめ、航空機の運動（機動）が可能な領域を示した図表として「V-n線図」があります。これは横軸に飛行速度（V）、縦軸に荷重倍数（n）を取り、その機体固有の制限荷重倍数や制限速度、揚力限界（失速限界）などをプロットした点を結んだ包絡線で、この範囲内で飛行しなければ機体に深刻なダメージを与えてしまいます。

　飛行時の指標となる速度には、まず水平直線飛行（1G状態）が維持可能な最小速度である失速速度（V_S）、最大制限荷重がかけられる最小速度である設計運動速度（V_A）、そして飛行可能な最大速度である最大運用速度（V_{MO}）などがあります。このなかで設計運動速度は「コーナー・ベロシティ」とも呼ばれ、航空機の旋回性能を考えるうえでもっとも重要な速度となります。設計運動速度は機体の重量などによって若干変動しますが、次の式で求め

18

ることができます。

$$V_A = V_s \times \sqrt{n_{max}}\ (設計運動速度＝1Gの失速速度\times\sqrt{制限荷重倍数})$$

すなわち失速速度が120ノット（222km/h）、制限荷重倍数が9Gの機体の設計運動速度は、360ノット（667km/h）と求められます。なお、設計運動速度以下の速度域では、いくら操縦桿を引いても、制限荷重に達するまで揚力が発生する前に$C_{L\ max}$（最大揚力係数）に到達して失速してしまいますし、設計運動速度以上の速度域で操縦桿を強く引きすぎた場合は、制限荷重倍数を超過してしまうため、いずれの場合も注意が必要です。

設計運動速度から最大運用速度の間で飛行する際に、パイロットがコントロールする上で注意するポイントは、「G」です。体感をはじめ、HUD※や計器に表示されるGを確認しながら操縦桿を引いていきます。その機体に慣れて速度と操舵量の関係がつかめてくると、狙ったGを一発でかけられるようになります。

※ **HUD**：Head Up Display

航空機の運動（機動）可能な領域（V-n線図）

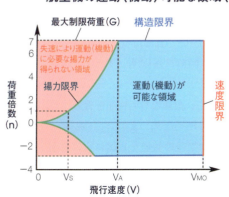

V-n線図は、どの速度域でどれだけのGがかけられるか（機動できるか）を示している。設計運動速度（V$_A$）付近の速度で旋回するのがもっとも効果的である。なお、失速速度（V$_S$）は水平直線飛行（1G）が維持可能な最小速度のことであるが、操縦桿を前方に突いて0G状態（迎え角0度）にすれば、たとえ速度がゼロでも失速しない

Science of a Dogfight
1-05

飛行速度と旋回率、旋回半径との関係

―戦闘機の機動の基本原理 ❺

　ドッグファイトにおいて、敵機の後方に回り込む際に重要となるパフォーマンスのひとつが旋回性能です。いかに早く、かつ小さな半径で旋回できるかが勝敗の鍵を握っています。旋回性能のうち、まず旋回率（ω）については次の式で求められます。

$$\omega = \frac{57.3gn}{V}$$

$$\left(旋回率（度/秒）= \frac{57.3 \times 重力加速度 \times 荷重倍数}{速度（m/s）}\right)$$

$$1度 = \frac{1}{57.3}（ラジアン）、重力加速度 = 9.8（m/s^2）$$

　旋回率は荷重倍数と速度との関数であり、低速で大きな荷重倍数（G）をかけられる機体であるほど旋回率がよいことがわかります。一方で旋回半径については、次の式で求められます。

$$R = \frac{V}{\omega} \quad \left(旋回半径 = \frac{速度}{旋回率}\right)$$

　こちらは速度と旋回率との関数であり、低速で大きな旋回率を発揮できる機体ほど旋回半径は小さくなります。

　ここで飛行速度と旋回率、そして旋回半径との相関関係をグラフで見てみましょう。まず旋回率は、設計運動速度（V_A）において最大となります。低速側で旋回率が落ちてしまうのは、設計運動速度以下の速度域ではかけられる荷重倍数の最大値が低下してしまうからです。旋回半径についても、本来は有利であるはずの低速度域で旋回率が低下してしまうため、それほど小さくなりません。こうしたことから、最適な旋回性能を得られる速度は設計運動速度であることがわかると思います。

　ちなみに旋回率や旋回半径の数値を単純に比較すると、最新のジェット戦闘機よりもプロペラ機やグライダーのほうがすぐれていますが、仮に両者がドッグファイトを行った場合は、プロペ

ラ機は飛行可能な速度自体が遅いため、仮に後方に回り込めたとしても、ジェット機を追尾することができません。

なお、設計運動速度において最大Gの水平旋回を実施した場合、誘導抵抗をはじめとする空力的な抗力が増大します。このときほとんどの機体はそれに打ち勝つだけの最大推力をもっていないため、速度エネルギーを維持できません。そのため、これはあくまでも一時的な最大旋回能力ということになります。通常は設計運動速度よりもやや速い速度域に、最大Gの旋回を維持できる速度が存在します。この速度を「サステイン・コーナー・ベロシティ」と呼び、燃料とパイロットの体力が続くかぎり、最大Gをかけたまま水平旋回を継続することが可能です。

飛行速度と旋回率、旋回半径の関係

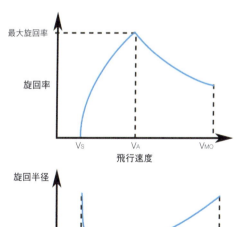

旋回率（1秒あたりの旋回角度）は、失速速度（V_S）を超えるにしたがってよくなり、設計運動速度（V_A）のときがいちばんよい。設計運動速度（V_A）を超えると、逆に悪くなっていく

旋回半径は失速速度（V_S）付近で急激に大きくなり、失速速度（V_S）から設計運動速度（V_A）までのあたりがいちばん小さい。設計運動速度（V_A）を超えると、速度の増加とともに大きくなっていく

Science of a Dogfight
1-06

空力抵抗と余剰推力

─戦闘機の機動の基本原理 ❻

　航空機が飛行中に受ける空力抵抗にはさまざまな種類がありますが、機動する際に影響をおよぼす最大の抗力が誘導抵抗であることは前にも述べたとおりです。

　大きくGをかけて機動している場合、航空機の速度や高度といったエネルギーは急速に失われていきますが、速度や高度を維持するために必要なエネルギーに対して、エンジンの推力にどの程度の余裕が残されているかを示す数値に余剰推力（Ps：比余剰エネルギー）というものがあります。

　余剰推力は次の式で求められます。

$$\text{Ps} = \frac{V(T-D)}{W} \quad \left(\text{余剰推力} = \frac{\text{速度}\times(\text{推力}-\text{抗力})}{\text{機体重量}}\right)$$

この式からわかるように、余剰推力は推力や抗力に変化がない場合、速度に比例する一方で機体重量に反比例します。

　なお余剰推力がゼロの場合は、速度や高度を維持するために必要な推力と最大推力が釣り合った状態にあります。もし余剰推力がプラスの場合は速度や高度をさらに獲得できますし、反対にマイナスの場合は速度や高度を失っていきます。

　各高度や速度における航空機の余剰推力について示した図表が「H-M線図」です。これは縦軸に高度（H）、横軸に速度（M）を取り、同じ余剰推力となる領域を示した線図です。

　推力や機体重量、そして機体の形態などが同じ条件で、「3G」と「5G」で機動している場合のH-M線図を比較してみると、5Gのほうが余剰推力の最大値が小さいだけでなく、同じ余剰推力の領域同士を比較すると、5Gのほうが圧倒的に面積が小さいことがわかります。

なお、余剰推力は高速度かつ低高度のほうが大きくなる傾向にありますが、これは計算式からもわかるように、余剰推力は速度に比例することに加えて、低高度のほうが空気密度が高く、発生可能な推力が大きくなるためです。

H-M線図を3Gと5Gで比較する

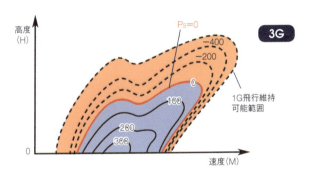

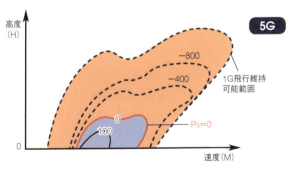

速度が遅く、また高度が高くなるほど、大きな余剰推力を得られる領域（速度・高度の範囲）は狭くなる。また、機体に大きなGがかかるほど大きな余剰推力が得られにくくなる

※一般に余剰推力Psの単位はft/秒で、計算の際は速度がft/秒、推力や抗力、機体重量はポンドを使う

Science of a Dogfight
1-07

ハイGターン、サステインドGターン

―戦闘機の基本機動 ❶

　戦闘機の最大性能を発揮させるための基本的な機動のひとつに「ハイGターン」があります。これは高度を一定に保ちながら高いGをかけて旋回するテクニックで、最短時間で方向転換が可能な旋回の操作要領を習得するために実施します。

　この章では、ある戦闘機における具体的な実施方法を紹介します。まずコーナー・ベロシティ付近に設定された開始速度（350ノット）にセットしたら、パワーを最大にします。旋回を実施したい方向にすばやく約80度のバンク角を確立後、制限Gの最大値を超えない程度（8G）まで操縦桿を引いて旋回を開始します。速度の低下にともなってかけられるGが減少してきますので、最良の旋回率が得られる迎え角（13〜15度）を維持しながら旋回を継続し、180度もしくは360度旋回した時点でバンクを水平に戻して終了します。一方で「サステインドGターン」は、エネルギーの損失をともなわない旋回であり、高度や速度、そしてGを一定にして旋回するテクニックです。開始速度であるサステイン・コーナー・ベロシティ（450ノット）にセットしたらパワーを最大とし、約80度バンクで制限Gの最大値付近（8G）を保ったまま水平に旋回を実施します。この間は速度や高度の維持にも気を配る必要がありますが、連続して高いGがかかり続けますので、パイロットにとってはつらい課目だといえます。

　ちなみに戦闘機で大きな機動を実施する際には、自機の姿勢や位置の把握については外の視界（景色など）を参照し、速度や高度、G、そして迎え角（AOA[※1]）などの飛行諸元については、計器類を適宜チェックするという操縦方法が基本となります。

ハイGターン、サステインドGターン

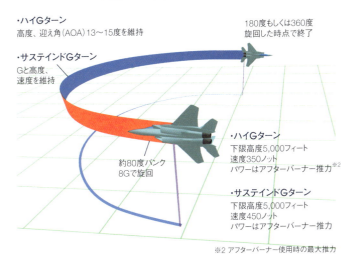

- ハイGターン
  高度、迎え角(AOA)13〜15度を維持
- サステインドGターン
  Gと高度、速度を維持

180度もしくは360度旋回した時点で終了

約80度バンク
8Gで旋回

- ハイGターン
  下限高度5,000フィート
  速度350ノット
  パワーはアフターバーナー推力[※2]

- サステインドGターン
  下限高度5,000フィート
  速度450ノット
  パワーはアフターバーナー推力

※2 アフターバーナー使用時の最大推力

速度と旋回率、Gと旋回半径の関係

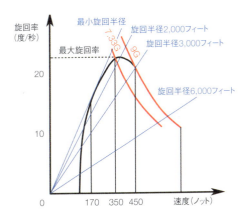

同じ速度で比較すると、Gをかけるほど旋回率はよくなる。450ノットの場合、7.33Gのときの旋回率は約15度/秒だが、9Gのときの旋回率は約20度/秒になる。また、同じGで比較した場合、速度が遅いほうが旋回半径が小さくなるほか、旋回率も向上する。7.33Gの旋回の場合、450ノットのときの旋回半径は約4,000フィートだが、350ノットのときの旋回半径は2,000フィート以下になる

※1 **AOA**：Angle of Attack

Science of a Dogfight
1-08

ループ、エルロンロール

―戦闘機の基本機動 ❷

「ループ」は垂直面における円運動（旋回）で、一般的には宙返りと呼ばれる機動です。通常の旋回と異なるのは、重力が円運動の面に対して垂直方向ではなく、水平面の一定方向に偏って加わっている点です。そのため通常の旋回のようにGを一定にしてループを実施した場合は、下向きに働く重力の影響に加えて速度の変化により航跡が歪んでしまいます。ですからきれいな円を描くためには、重力が働く方向や速度の変化に常に注意しながら、操縦桿の引きぐあいを細かく調節する必要があります。

まず最初に、頂点で失速してしまわないように、パワーを最大（アフターバーナー推力）として十分な速度を確保します（350ノット以上）。そして4～5Gでまっすぐに引き起こします。機体が垂直になるにつれて速度が減少しますので、Gを少しずつ減らしていき、以降は迎え角が一定の範囲（13～15度）になるように操縦桿を調節します。

頂点を通過して降下に転じたあとは、そのまま迎え角を一定に保っているとGが次第に増加してきますので、開始時と同じ速度や高度になるようにGを調節していきます。

ループを実施している間は常に機体の姿勢をチェックして、機体が横の方向に傾かないように注意します。特に垂直姿勢のときに機体が少しでも傾くと、開始時と終了時の機首方位（ヘディング）が大きく変わってしまいます。

「エルロンロール」は、エルロンを使用して機体の前後のX軸方向に対して360度ロール（横転）するテクニックです。背面姿勢になると機首が下がり高度を失ってしまいますので、まず機首を少

し上げてから、ややGを抜きながら一気に操縦桿を左右のいずれかに大きく倒して360度ロールします。

ロールを終える少し手前から操縦桿を中立位置に戻しますが、慣性力でそのまま回り続けようとする傾向がありますので、確実に機体を止めるために反対側に少し「当て舵」をする必要があります。戦闘機では横転率が1秒間に360度程度と速いので、よく外を見て自機の姿勢をチェックする必要があります。

ロールを終了する操作をどの程度リードをもって開始するか、そして横転中に大きく高度を失わないようにするかが課目成功の秘訣です。360度横転した時点で終了しますが、曲技飛行ではロールを何回かに細かく区切ったり、そのまま連続して何回転もロールするような課目があります。

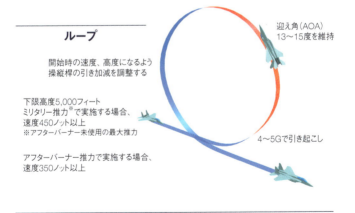

Science of a Dogfight
1-09

インメルマン・ターン、ピッチ・バック

―戦闘機の基本機動 ❸

　「インメルマン・ターン」は、機首方位を180度反転させるのと同時に高度を獲得したいときに最適な機動です。実施要領は基本的にループの前半部分と同様で、十分な速度を確保したあとにパワーを最大とし、4〜5Gで引き起こしを開始します。その後ループ機動を$\frac{1}{2}$実施して背面姿勢となる少し手前で、左右のいずれかにハーフロール（180度）して、水平飛行に復帰します。

　開始速度が遅かったり、引き起こしのGや機首上げのレート（速さ）がゆるい場合は、頂点で大きく速度を失ってしまいますが、その状況で無理にエルロンを大きく使用して180度のロールを行うと、失速してしまうだけでなく、コントロールを失ってスピンに陥ってしまう危険性もありますので、特に注意が必要です。

　もし頂点付近で速度が足りなくなると判断した場合は、迎え角を失速しない範囲内まで上げながらループ機動を継続して機首を下げ、安全な速度を確保したあとにハーフロールして復帰します。「ピッチ・バック」は、斜めにインメルマン・ターンを実施することにより機首方位を180度反転させながら高度を獲得するテクニックで、自機よりも高い高度を飛行している敵機の後方に回り込むときなどに活用します。

　課目としての実施要領は、400ノットの開始速度を獲得したらパワーを最大とし、40〜50度バンクを確立して5〜7Gで引き起こします。180度旋回した時点で130〜140度バンクになりますので、そこでバンク角とピッチ角を水平に戻して終了します。インメルマン・ターンほど高度は獲得できませんが、終了後の速度エネルギーが大きいため、敵機に対する追尾が容易となります。

第1章 戦闘機の機動の基本を知る

インメルマン・ターン

背面姿勢になった時点でロールし、水平飛行に復帰する

180〜220ノット

下限高度5,000フィート
ミリタリー推力で実施する場合、
速度450ノット以上
アフターバーナー推力で実施する場合、
速度350ノット以上

迎え角（AOA）
13〜15度を維持

4〜5Gで引き起こし

ピッチ・バック

180度旋回した時点で終了
（速度300ノット以上）
ピッチおよびバンク角を水平
飛行姿勢に

パワーはアフター
バーナー推力で、
40〜50度バンク
を確立し、5〜7G
で引き起こし

下限高度5,000フィート
速度400ノット以上

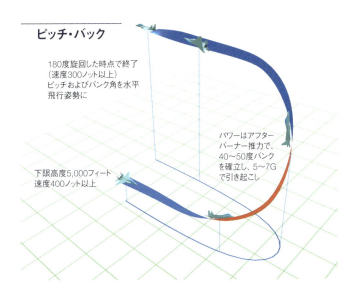

29

Science of a Dogfight

1-10

スプリットS、スライス・バック

―戦闘機の基本機動 ❹

「スプリットS」は、高度に余裕がある状況で機首方位をすばやく180度反転させる際に最適な機動です。横から見た機動がアルファベットの「S」を半分に分けたように見えることから、この名前がつけられています。

この課目は高度損失をともないますので、まず安全な高度（15,000フィート以上）を確保して、速度300～350ノットでパワーをアフターバーナーを使用しない最大推力（ミリタリー）とします。左右のいずれかにハーフロールして背面としたあとに、まっすぐ操縦桿を引いて5～7Gを維持します。垂直降下を経て機首が水平姿勢まで回復した時点で終了します。

この課目では操縦桿を引くタイミングが遅かったり、引く量が少なくてGをかけられなかった場合は、速度が過大になり高度を大きく失ってしまう危険性があります。もし速度がつきすぎてしまった場合は、すぐにパワーをアイドル（最小）とするほか、スピードブレーキなどを使用しつつ、制限Gに注意しながら回復操作を実施します。

「スライス・バック」は、スプリットSを斜めに実施するイメージの課目で、高度と引き換えに機首方位を最短時間で180度反転させることが可能なため、自機より低い高度を飛行している敵機の後方に回り込むときなどに活用します。

まず安全な高度（15,000フィート以上）であることを確認したあとに、速度350～400ノットでパワーをミリタリー推力とし、左右のいずれかに135度バンクを確立して、そのまま操縦桿を引いて5～7Gの旋回を維持します。180度旋回した時点で45度バンク

第1章 戦闘機の機動の基本を知る

になりますので、バンク角とピッチ角を水平に戻して終了します。

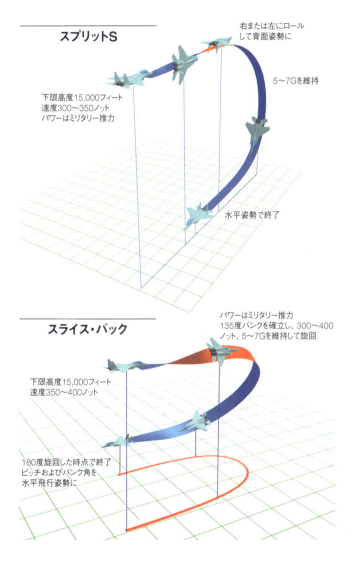

Science of a Dogfight
1-11

バレル・ロール、アンロード加速

──戦闘機の基本機動 ❺

「バレル・ロール」は、ゆるやかな上昇と降下を行いながら360度のロールを行う課目で、航跡がまるでバレル（樽）の内側をトレースしているように見えるため、この名前がつけられています。

実施要領は、まずロールの基準となる内側30〜45度の方向に目標（山や雲など）を取り、速度350〜450ノットを確保できたらパワーをミリタリー推力とし、ゆるやかに上昇を開始します。2〜3Gで上昇しながらゆっくりとしたレートでロールを行い、90度バンクになった時点で最大の上昇ピッチ角を確立します。その後もロールを継続して頂点の背面姿勢で水平線を通過（ピッチ角0度）したあと、降下しながらロールを継続し、270度ロールした時点で最大の降下ピッチ角を確立します。

そのまま機首を引き上げながらロールを継続して、水平姿勢になった時点でピッチ角も水平になるようにします。コクピットから見て基準の目標の周囲を360度回るように操縦しますが、きれいな円を描くためには、ロール・レートを一定に保つほか、Gを常に最適な値に調節する必要があります。

「アンロード加速」は、機動後に失った速度エネルギーを短時間で獲得する際に使用します。実施要領はパワーを最大とし、操縦桿をゆるやかに前方に押して迎え角が0度付近となるように維持します。空力抵抗が最小となるため、効率のよい加速が可能となります。この際のGは0〜0.5Gで、機体はゆるやかに降下していきますが、所望の速度まで加速できた時点で水平飛行に復帰します。単純な急降下でも加速は可能ですが、アンロード加速よりも高度損失が大きくなってしまいます。

第1章 戦闘機の機動の基本を知る

バレル・ロール

頂点で背面姿勢

進行方向に設定したロールの中心
目標に対して、前半と対称的な軌跡
(半円)を描くように機動

2〜3Gで引き起こ
しながらロール

水平姿勢で終了

バレル・ロールの大きさは目標の設
定位置で調整可能。機首方向に
対してロールの内側に設定する目
標のオフセット角を大きく取れば、よ
り大きく描ける

下限高度5,000フィート
速度350〜450ノット
パワーはミリタリー推力

アンロード加速

パワーはアフターバーナー推
力。操縦桿を押して迎え角を
0度付近にする。0〜0.5Gを
維持してゆるやかに降下する

所望の速度を獲得した時点で
水平飛行に復帰

33

Column 01

Science of a Dogfight

進化する操縦システム

　航空機の操縦システムは、まずパイロットの操縦操作をリンク機構やケーブル（索）などによって、それぞれの操縦翼面に伝える「人力方式」からスタートしました。しかし、機体の大型化や高速化にともなって、人力だけで重い舵面を動かすことが困難になってきたため、油圧の力を利用した「機力方式」が登場しました。

　ところが、この方式では、パイロットの操作は油圧システムのバルブ開閉機構に伝達されるようになり、舵面に直結されなくなったため、従来は操縦桿やラダー・ペダルに伝わってきた舵面に加わる空気力（反力）が得られなくなってしまいました。

　そのため、高速飛行時に大きな舵を使用して機体にダメージを与えてしまわないように、人工的に適切な反力を与えるシステムが装備されています。

　また機体に装備されたジャイロにより、パイロットが意図しない機体の揺れや傾きなどを検知して機体を安定させる、安定性増強装置なども装備されるようになりました。

　これをさらに発展させて、パイロットの操縦操作をコンピュータに直接入力し、機体の飛行状況などを考慮して最適な形で操縦翼面を動かすように進化させたシステムが「フライバイワイア（FBW）方式」です。

　以前は操縦入力に対する機体の応答が飛行速度によって変化していましたが、FBWでは速度域にかかわらずパイロットのイメージどおりに機体が制御できるため、操縦が容易になったほか、安全性も大幅に向上しました。特に大きな機動を行う戦闘機では、制限荷重や迎え角の超過を防止する「Gリミッター」や「AOAリミッター」の装備により、制御不能な状態に陥る危険性が減少したため、これまで以上に任務に集中・専念できるようになりました。

第2章

各種の基本戦闘機動

ドッグファイトにおいて敵に勝利するためには、どのような機動テクニックを駆使する必要があるのでしょうか。第2章では、飛行中の機体の保有エネルギーと機動との相関関係、そして各種の基本戦闘機動について解説します。

写真:赤塚 聡

Science of a Dogfight

2-01

ドッグファイトとは

―速度と高度の適切なマネージメントが肝

　戦闘機同士による格闘戦（ACM[1]）は、よく「ドッグファイト」と表現されています。これは互いの後方に占位（位置を占める）しようとして激しく旋回を続ける様子が、犬同士のケンカに似ていることから名づけられました。ちなみに第二次世界大戦中の日本では「巴戦」といわれていました。

　ミサイルが発達した現代においては、敵機の後方象限だけでなく前方からも攻撃することが可能ですが、前方からは継続的に攻撃できる時間がかぎられるほか、みずからも攻撃を受ける危険性が高いため、より少ないリスクで敵機を照準に捉え続けるためには、やはり相手の後方に回り込んだほうが圧倒的に有利です。

　ドッグファイトに勝利するためには、ミサイルや機関砲を発射することができる「兵器発射可能領域（WEZ[2]）」に、いかに相手より早く占位できるかどうかが重要となります。

　機関砲の射撃可能領域の後方象限には、安定した追尾が可能な「トラッキング・ゾーン」と呼ばれる領域がありますが（165ページ参照）、この領域にすばやく占位して敵機を撃墜するためには、パイロットの経験や技量はもちろんのこと、以下の3つのファクターが重要となります。

①自機がもっているエネルギー（速度、高度）

②機動性能（旋回性能、余剰推力、最大制限G）

③ミサイルやレーダーなどの搭載ウエポンの能力

　このなかで②と③については、機体固有の性能であり、おのずと決定されてしまいますので、敵機との戦闘に入る際には、優位性を最大限に確保するために、速度や高度といったエネルギーを

第2章 各種の基本戦闘機動

できるかぎり獲得しておくことが重要となります。また機動時においても、むやみにエネルギーを消耗させないように適切なエネルギー・マネージメントを心がける必要があります。

なお、現代の戦闘では編隊行動が基本となっているため、純粋な1対1のドッグファイトという状況はきわめて少なくなってきていますが、それでも1対1での戦闘テクニックが基本的な戦闘技術であることはいまでも変わらないため、戦闘機のパイロットはまず最初に1対1の**基本戦闘機動**（BFM[※3]）から訓練を開始し、2対1、2対2、4対4というぐあいに段階的にステップアップしながら技術を磨いていきます。

また、現代では空対空ミサイルが高度な進化を遂げていますが、チャフやフレアをはじめとする自己防御装置（90ページ参照）も同様に進化しているため、ミサイルにより敵機を確実に撃墜できる保証はありません。依然としてドッグファイトで決着をつけなければならない可能性があるため、戦闘機のパイロットにとってドッグファイトに勝利するテクニックは必須なのです。

※1 **ACM**：Air Combat Maneuvering　※2 **WEZ**：Weapon Engagement Zone
※3 **BFM**：Basic Fighter Maneuver

ドッグファイトに勝利するための最大のポイントは、いかに早く兵器発射可能領域へポジションを取れるかにある

写真/米空軍

Science of a Dogfight

2-02

機動と保有エネルギーとの関係

─いかにエネルギーを保持するか

　飛行中の航空機がもっている全エネルギーは、位置エネルギーと運動エネルギーの総和であり、次の式で求められます。

$$E_t = mgH + \frac{1}{2}mV^2$$

（全エネルギー＝位置エネルギー＋運動エネルギー）

E_t：全エネルギー、m：機体の質量、g：重力加速度、H：高度、V：速度

　航空機の位置エネルギーで重要なパラメーターは「高度」であり、そのエネルギー量は高度と機体の質量（重量）に比例します。一方の運動エネルギーで重要なのは「速度」で、機体の質量と飛行速度の2乗に比例します。

　機動中の航空機では空力抵抗の増加によるエネルギー損失がありますが、基本的に機体がもっているエネルギーは、高度を速度に、また速度を高度にというぐあいに、両者の間で自在に変換することが可能です。

　ドッグファイトで用いられる各種の機動は、この位置エネルギーと運動エネルギーの効率的な変換の繰り返しによって、相手の後方に回り込むためのテクニックといえます。

　たとえば敵機より大きな速度エネルギーをもっている場合は、単純に高G旋回を長時間継続すれば後方に回り込めますが、最終的にエネルギーを失ってしまうことになります。

　この場合は、まず最初に上昇旋回を実施して余剰分の速度エネルギーをいったん高度エネルギーに変換しておいて、より小さな半径ですばやく旋回したあとに、今度は降下旋回によって加速しながら相手との距離を詰めるような機動が有効です。この「ヨーヨー」と呼ばれる機動により、機体がもっているエネルギーの

損失を抑えながら継続的に追尾することが可能となります。

また反対に相手より速度エネルギーが少ない場合は、高度を維持したまま高G旋回を継続すると、大きくエネルギーを失って追尾が困難になりますので、この場合は降下旋回を実施します。この機動により高度エネルギーは失ってしまいますが、旋回中も必要な速度を維持することが可能です。ただし、この機動は高度に余裕がないと実施できないため、やはり会敵前には十分なエネルギーを確保しておく必要があるといえるでしょう。

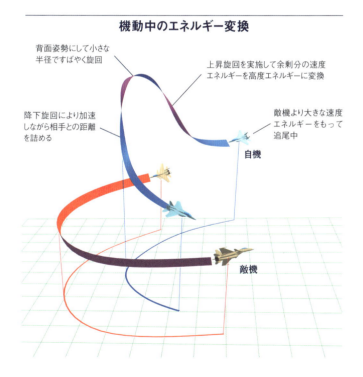

機動中のエネルギー変換

2-03 機体相互の位置関係と追尾機動

―瞬時に最適な機動を判断

　ドッグファイトにおいては、自機と敵機との相対位置や双方の保有エネルギー量をいかに正確に把握し、それに応じた有効な機動が実施できるかどうかが重要になります。敵機の後方に占位するには以下の3つの項目の関連性について理解し、最適な機動を実施するために必要な知識や判断力を身につける必要があります。

①方位角（AA[*1]）…機首方向（正面）を180度、真後ろを0度とし、左側と右側にそれぞれ10度刻みで区切った角度です。たとえば右側後方40度の位置は「40度ライト」と呼称します。なお方位角は「クロック・コード」と呼ばれる方法で表すこともあります。これは真上から見た機体からの位置（角度）を時計の文字盤上の数字（12分割）で表すもので、正面が「12時（Twelve O'clock）」、右真横が「3時」、真後ろが「6時」、左真横が「9時」というぐあいに呼称します。敵機の後方に占位するためには、まず相手の方位角の90度以下の領域に向けて機動する必要があります。

②交差角（HCA[*2]）…自機と敵機の針路（ヘディング）が成す角度で、交差角が過大な場合は安定した追尾が難しくなるほか、旋回機動によりこれを減少させるためには一定の時間を要します。

③距離…敵機と自機との相対的な距離のことで、ミサイルや機関砲の有効射程に関連があるだけでなく、どの追尾機動を選択するかを判断するうえでも重要なパラメーターです。

　最終的に敵機の真後ろ（6時方向）となる方位角0度、交差角0度、距離1,000～3,000フィート（300～900m）の位置を目指して機動しますが、追尾（パシュート）のパターンには、常に敵機を正面に

置く「ピュア」をはじめ、敵機の進行方向に対して先行するような角度を取る「リード」、反対に遅れ（間隔）を取る「ラグ」の3種類があり、状況によって使い分けます。

※1 **AA**：Aspect Angle
※2 **HCA**：Heading Crossing Angle

機体同士の相対位置

方位角とクロック・コード

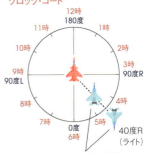

自機のヘディングにかかわらず、敵機から見た方位角は同じ(40度ライト)

パシュート・カーブ

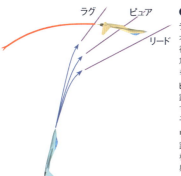

●各追尾方式のメリットとデメリット

ラグ・パシュート
オーバーシュート※3を避けられるが、距離が開き後落する可能性がある（方位角：減少、交差角：増加）
※3 旋回の外側に大きくはみだしてしまうこと

ピュア・パシュート
距離を詰める際に有効だが、オーバーシュートする可能性がある（方位角および交差角：若干減少）

リード・パシュート
距離を詰める際にもっとも有効だが、継続すると相手の前方にでてしまう可能性がある。機関砲射撃時にも使用（方位角：増加、交差角：減少）

Science of a Dogfight
2-04

ハイスピード・ヨーヨー

—攻撃機動法 ❶

　基本戦闘機動のひとつである「ハイスピード・ヨーヨー」は、敵機に対して自機の速度が速い高エネルギー状態で、なおかつ方位角と交差角の双方が比較的小さな場合に使用する攻撃テクニックです。

　防御のために急旋回する敵機に対して、後方から大きな接近率で追尾した場合、敵機の旋回面の内側に留まることができず、外側にオーバーシュート（旋回の外側に大きくはみだすこと）してしまう可能性があります。敵機のすぐ後方をオーバーシュートしてしまった直後に相手に旋回方向を切り返されると、圧倒的に優位な状況から等位または一気に劣位な状況にまで陥り、完全に形勢が逆転してしまう危険性があります。

　そうした状況を回避するために上昇旋回を実施して、運動エネルギーを位置エネルギーに変換しながら減速することにより、旋回半径を小さくしてオーバーシュートを防ぎます。

　敵機の旋回面の内側に留まることができると判断した時点で今度は降下旋回に移行して、獲得した高度を速度に変換しながら追尾を継続していきます。

　このように機動の航跡が上下する様子を玩具の「ヨーヨー」に見立てて、この名称がつけられています。

　たんにオーバーシュートを防止する目的だけで考えれば、パワーを大きく絞って減速したり、制限荷重の範囲内で最大まで「G」をかけるという手段もありますが、これらの方法は自機の保有エネルギーを減らしてしまうことになりますので、あまりよい手段とはいえません。

第2章　各種の基本戦闘機動

ハイスピード・ヨーヨー

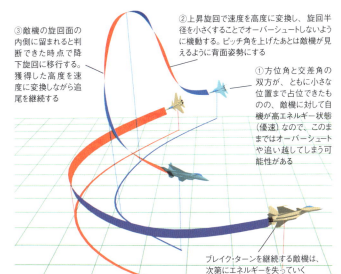

③敵機の旋回面の内側に留まれると判断できた時点で降下旋回に移行する。獲得した高度を速度に変換しながら追尾を継続する

②上昇旋回で速度を高度に変換し、旋回半径を小さくすることでオーバーシュートしないように機動する。ピッチ角を上げたあとは敵機が見えるように背面姿勢にする

①方位角と交差角の双方が、ともに小さな位置まで占位できたものの、敵機に対して自機が高エネルギー状態（優速）なので、このままではオーバーシュートや追い越してしまう可能性がある

ブレイク・ターンを継続する敵機は、次第にエネルギーを失っていく

真上から見た機動

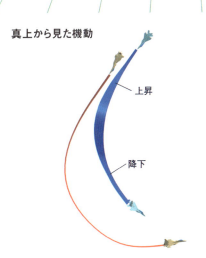

上昇

降下

Science of a Dogfight

2-05

ロースピード・ヨーヨー

―攻撃機動法 ❷

「ロースピード・ヨーヨー」は、敵機の後方象限に占位できているものの、自機の速度が相手より遅い低エネルギー状態にあって、有効射程内まで距離を詰めることが困難な場合に使用する攻撃テクニックです。

実施方法は、まずフルパワーであることを確認し、敵機の旋回面の内側へ大きくリード角を取るようリード・パシュートで旋回します。これにより相手の飛行経路の内側にショートカットする経路を設けることが可能となります。その後は降下旋回を実施して、高度エネルギーを速度エネルギーに変換しながら加速することにより、相対距離を一気に詰めるように機動します。

この際に状況によっては、バンク角を維持したままアンロード加速を行って、その後の機動に必要なエネルギーを獲得するように計画しますが、長時間のアンロード加速は敵機との交差角が増大したり、高度の損失も大きくなるので注意が必要です。

有効射程付近まで接近したあとは、増加した交差角を高G旋回により減らしながら上昇に移行し、獲得した速度を高度に変換しながら敵機を追尾していきます。

なお、このロースピード・ヨーヨーは、直線飛行で離脱中の敵機を追尾する際にも有効な機動です。この場合は相手の方向にヘディングを向けたあとに、フルパワーによるアンロード加速を行い、下方へのヨーヨー機動で距離を詰めていきます。

純粋に加速性能の勝負になりますので、敵機のほうが優速で自機の兵器発射可能領域（有効射程）に入らないと判断した場合は、原則的に追尾を断念します。

44

ロースピード・ヨーヨー

①敵機の後方に占位できたものの、自機の速度が敵機より遅い低エネルギー状態にあるため、有効射程内まで距離を詰めることが困難である

②敵機の旋回面の内側へ大きくリード角を取るように旋回して、内側にショートカットする経路を設定する。そのあとは降下旋回により、高度を速度に変換して相対距離を詰めるよう機動する

③降下により必要なエネルギーを確保できない場合は、バンク角を維持したままアンロード加速を実施する

④有効射程付近まで接近できたら、上昇旋回に移行して、増加した交差角を減らしながら敵機を追尾する

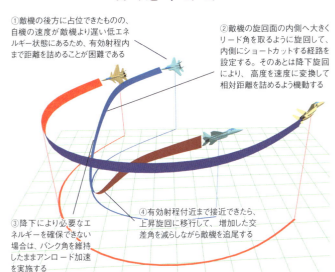

真上から見た機動

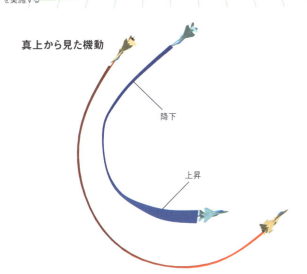

降下

上昇

Science of a Dogfight
2-06
バレルロール・アタック
―攻撃機動法 ❸

　「バレルロール・アタック」は、敵機に対して自機が高エネルギー状態で、さらに方位角が大きな場合に使用する攻撃テクニックです。

　自機が敵機の旋回面の中心付近に位置するような方位角が過大な状況下では、ラグまたはピュア・パシュートで追尾機動を実施した場合、方位角を減少させることができる反面、交差角が増大してしまいます。その一方でリード・パシュートで機動すると、交差角を減少させることができるものの、方位角がますます増大してしまいます。

　この状況を打開するため、敵機の旋回面の外側上方に向けてバレルロールに近い機動を行うことにより、方位角と交差角の問題を同時に解決しながら距離を詰めるように計画します。

　実施方法は、まず敵機の旋回面の内側へ大きくリード角を取って交差角が減少するように旋回します。これにより方位角が増えますが、真横の90度（3時―9時ライン）を過ぎた時点ですみやかにバンク角を水平に戻してまっすぐ引き起こします。十分な高度差が確保できたら敵機を下方に見ながら旋回方向と反対側にロールして背面姿勢とし、敵機の旋回面に対して上方に占位します。

　敵機の位置や双方のエネルギー状態をよく確認して、旋回面の外側へのオーバーシュートや過度の後落に注意しながら、後半のロール機動（降下旋回）により交差角を減少させて追尾を継続していきます。ヨーヨーをはじめ、こうした3次元の機動を駆使した戦闘は、航空機ならではの世界だといえます。

バレルロール・アタック

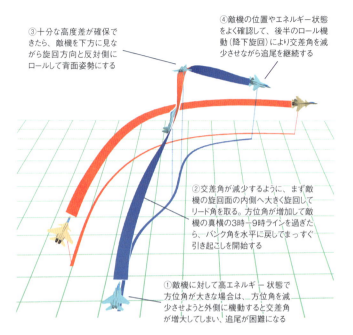

③十分な高度差が確保できたら、敵機を下方に見ながら旋回方向と反対側にロールして背面姿勢にする

④敵機の位置やエネルギー状態をよく確認して、後半のロール機動（降下旋回）により交差角を減少させながら追尾を継続する

②交差角が減少するように、まず敵機の旋回面の内側へ大きく旋回してリード角を取る。方位角が増加して敵機の真横の3時─9時ラインを過ぎたら、バンク角を水平に戻してまっすぐ引き起こしを開始する

①敵機に対して高エネルギー状態で方位角が大きな場合は、方位角を減少させようと外側に機動すると交差角が増大してしまい、追尾が困難になる

真上から見た機動

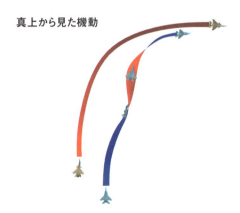

47

Science of a Dogfight

2-07

ブレイク・ターン

―防御機動法 ❶

　防御系の基本戦闘機動は、後方に占位しようとする敵機から射撃を受けないように回避するための機動テクニックです。

　敵機がまだ兵器発射可能領域の外にいるときは、高Ｇ旋回などのカウンター機動を実施して互角の態勢にもち込むか、加速して戦域を離脱するように機動しますが、後方の兵器発射可能領域内に占位されてしまった場合は、ブレイク・ターンや後述するジンキング、シザーズなどの防御機動を実施して攻撃を回避します。

　防御機動法のひとつである「ブレイク・ターン」は、後方に占位した敵機との交差角を増大させて追尾を困難にすることを目的とした機動法です。

　実施方法は、まず原則的にパワーを最大として、敵機が追尾してくる方向に向けて最大Ｇによる旋回を実施します。その際は機関砲による攻撃を受ける可能性もあるので、敵機の機軸の延長線上に入らないようにバンク角を設定し、すみやかに最大Ｇをかけて敵機がオーバーシュートするまでＧを保持します。なお、ブレイク機動を実施している間はエネルギーを損失しやすいので、原則的に下方に向けて実施します。

　敵機がオーバーシュートした際に距離が比較的離れている場合は、旋回中のＧを一度ゆるめてエネルギーをキャッチアップ（回復）するよう心がけますが、もし距離が近い場合は、ただちに旋回方向を切り返して相手の後ろ上方に向けて機動することにより、一気に形勢の逆転を狙います。この場合は敵機も同様な機動で対抗してきますので、そのまま後述するシザーズ機動に移行することになります。

第2章 各種の基本戦闘機動

ブレイク・ターン

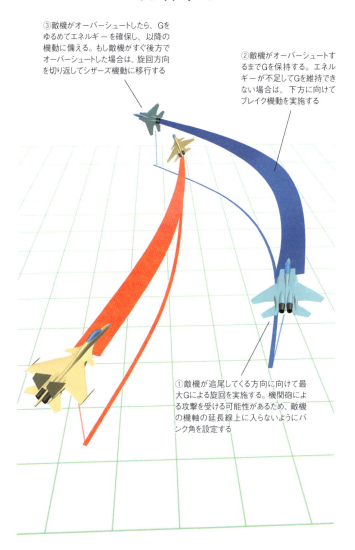

③敵機がオーバーシュートしたら、Gをゆるめてエネルギーを確保し、以降の機動に備える。もし敵機がすぐ後方でオーバーシュートした場合は、旋回方向を切り返してシザーズ機動に移行する

②敵機がオーバーシュートするまでGを保持する。エネルギーが不足してGを維持できない場合は、下方に向けてブレイク機動を実施する

①敵機が追尾してくる方向に向けて最大Gによる旋回を実施する。機関砲による攻撃を受ける可能性があるため、敵機の機軸の延長線上に入らないようにバンク角を設定する

2-08
Science of a Dogfight

シザーズ、ローリング・シザーズ

―防御機動法 ❷

「シザーズ」は、ブレイク・ターンなどの防御機動が功を奏して、敵機が自機の近距離をオーバーシュートした際に、すばやく旋回方向を切り返して相手の後方に占位するように機動するとともに、上昇しながら蛇行を繰り返して前方象限に対する速度を減ずることで、形勢の逆転を試みるテクニックです。

互いに旋回を切り返して何度も交差する様子が鋏の開閉動作に似ていることから、この名称がつけられました。

実施方法は、シザーズ機動を決断したらすみやかにパワーを最大として、機首を一気に上げて減速しながら敵機の後方の上側に向けて最大G（または最大AOA）で旋回して、相手を自機の前方に押しだすように機動します。この最初の機動が成功すれば、劣位な状況からほぼ互角な状況にまで打開することが可能になります。

互いの航跡が交差したら、再度旋回を切り返して相手の後方の上側に回り込むように旋回します。敵機の旋回性能が自機よりもすぐれている場合は、繰り返し機動しているうちに前方に押しだされてしまいますので、交差直後の交差角が最大となるタイミングでまっすぐにアンロード加速を実施して離脱を図ります。

なお、最初の段階で敵機が上方にいる場合は、さらにその上方へ回り込むようなバレルロールにも似た機動を実施します。この場合においても敵機は同様の機動で対抗してくるため、2機が大きくロールしながら交差する「ローリング・シザーズ」に突入します。この機動はエネルギーを大きく消耗してしまうため、余剰推力にすぐれた機体でないと継続が困難です。もし自機のほうが

パワーに余裕があると判断した場合は、あえてローリング・シザーズに誘い込むという戦術も有効です。

いずれにしても、シザーズ機動はエネルギーの消耗が激しく、失速ギリギリの低速域では機体のコントロールも難しいため、状況が膠着してしまった場合はすみやかに離脱を決心します。

シザーズ

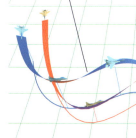

①機首を大きく上げて減速しながら敵機の後方に向けて切り返し、最大Gで旋回して相手を自機の前方に押しだすように機動する

②互いの航跡が交差したら、ふたたび旋回を切り返して相手の後方の上側に回り込むように旋回する

③敵機の旋回性能が自機よりもすぐれている場合は、前方に押しだされてしまうため、交差角が最大となるタイミングでそのままアンロード加速を実施して離脱を図る。自機の旋回性能のほうがすぐれている場合は、そのまま機動を継続する

真上から見た機動

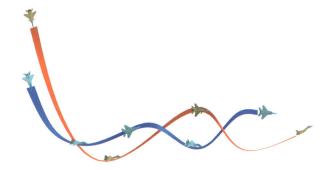

2-09 ジンキング、スリップ

Science of a Dogfight

―防御機動法 ❸

　「ジンキング」は、ブレイク・ターンなどを実施しても効果がなく、敵機から機関砲による攻撃を受ける危険性が避けられないと判断した場合に実施する防御機動法で、ラスト・ディッチ・マニューバー（最終回避機動）とも呼ばれています。

　敵機が後方3,000フィート（約900m）以内の近距離に迫った状態で、相手の機軸線が自機の進行方向と重なったうえでリード角が増加してきた場合は、ガン・トラッキング（機関砲射撃の照準操作）に入ったと判断できますので、正確な照準を困難にするほか、敵機を有効射程外に追いやるため、プラスおよびマイナス方向の「G」をともなったランダムなロール機動を実施します。

　実施方法は、敵機が有効射程距離に接近してきたら、バンク角をランダムに変化させるとともに、マイナスGとプラスGによる旋回を交互に実施します。最終的に射撃が避けられないと判断した場合は、敵機に対してバンク角を水平にして被弾面積を最小にするような機動が有効で、第二次世界大戦時にも多用されました。

　「スリップ」は、ジンキングと同様に相手の照準操作を困難にする防御機動法です。通常、航空機は横滑りがきわめて少ないバランスされた状態で飛んでいますので、追尾を受けているときに大きくラダーを使用して機体を意図的に横滑りさせることにより、バンク角の変化をともなうことなく経路を横方向に変化させて相手の混乱を誘います。また横滑りしている状態では、射撃の照準計算の精度が低下しやすいため、有効な防御機動だといえます。

　スリップさせる方向については、重力を利用したほうがより効

果的ですので、旋回の内側（下側）へラダーを使用します。

　なお、ジンキングやスリップは機関砲による攻撃に対する防御には有効ですが、厳密な照準が必要とされない空対空ミサイルに対してはあまり効果がありません。この場合は回避機動に加えて、チャフやフレア（90ページ参照）などの妨害手段で対抗します。

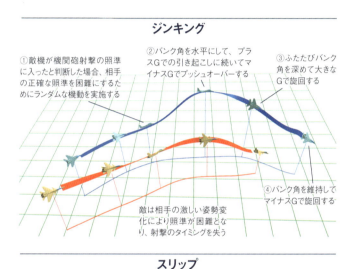

現代の攻撃機動法
―ターニング・ルームを与えない

　ハイスピード・ヨーヨーやバレルロール・アタックなどに代表される基本戦闘機動（BFM）の原理・原則は、機種にかかわらず普遍的なものですが、1980年代に登場した第4世代以降の戦闘機はすぐれた機動性と大きな余剰推力を有しているため、従来のBFMの理論だけでは対処できない状況が生まれてきました。

　たとえば、優位な状況で後方からハイスピード・ヨーヨーを実施した場合、一時的に敵機に対して上方へ距離を取ることになりますが、推力に余裕のある第4世代機では従来不可能だった上方へのブレイク・ターンが可能となったため、このヨーヨー機動がかえって相手に対して「有効な対抗機動が実施可能な旋回の余地（ターニング・ルーム）」を与えてしまうことになります。

　これは敵機にとっては絶好の反撃のチャンスであり、自身にとってはせっかく得られた優位性を大きく失ってしまうことになります。

　こうした事態に陥らないようにするためには、速度エネルギーを機動に最適なサステイン・コーナー・ベロシティからコーナー・ベロシティの範囲内にコントロールしながら、常に「敵機の後方に設定した一定の領域（エントリー・ウィンドウ）」内に入るように機動して、いかなる場合においても相手にターニング・ルームを与えないようにします。

　そしてピュア・パシュート機動で一気に距離を詰めるのではなく、ラグ・パシュートでエネルギーを温存しながら、方位角を減少させるための機動を優先して、敵機にプレッシャーを与え続けることにより相手のエネルギーの消耗を待ちます。ブレイク・ターンなど

の回避機動を継続して、エネルギーを失った敵機を撃墜することが比較的容易なのはいうまでもありません。こうした新しいBFM理論に対し、これまで紹介してきたハイスピード・ヨーヨーなどの基本戦闘機動は「クラシックBFM」と呼んで区別しています。

現代の攻撃機動法

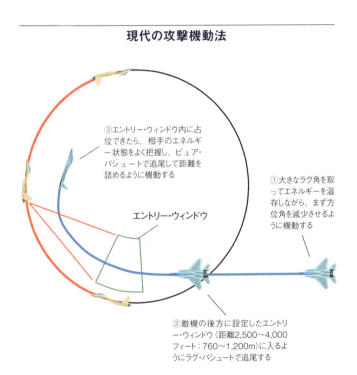

③エントリー・ウィンドウ内に占位できたら、相手のエネルギー状態をよく把握し、ピュア・パシュートで追尾して距離を詰めるように機動する

エントリー・ウィンドウ

①大きなラグ角を取ってエネルギーを温存しながら、まず方位角を減少させるように機動する

②敵機の後方に設定したエントリー・ウィンドウ(距離2,500〜4,000フィート:760〜1,200m)に入るようにラグ・パシュートで追尾する

Science of a Dogfight
2-11

現代の防御機動法

─適切なブレイク・ターンを早期に実施する

　クラシックBFMにおける「ブレイク・ターン」は、最大Gによる旋回に主眼が置かれており、十分なエネルギーがない場合は下方へ「スライス・バック」のような降下旋回を実施します。しかし、この機動は敵機にターニング・ルームを与えてしまうため、追尾する側にとってはかえって好都合だといえます。

　もし自機がパワーに余裕のある第4世代以降の機体である場合、最適な防御機動とは、上方・下方にかかわらず、常に相手の方向にめがけてブレイク・ターンを実施することです。これにより敵機が後方へ占位するために必要なターニング・ルームを減少させることができるため、追尾から逃れることが可能となります。

　なお、劣位な防御態勢から等位な状況にもち込むためには、互いの交差角をいかに大きくできるのかどうかが重要になります。この場合、相対距離が長ければ長いほどブレイク機動の効果が高まるため、いかに早期に適切なブレイク・ターンを開始できるかが、防御機動の成功の鍵を握っているといえます。

　ただ、たとえ最新の機体であっても、コーナー・ベロシティ付近での最大Gによる急旋回は180度程度が限界ですので、最初のブレイク機動で十分な交差角が確保できた場合は、一度アンロード加速して速度エネルギーをキャッチアップしておく必要があります。これにより交差角は減少しますが、完全に後方へ回り込まれる前にふたたび効果的なブレイク・ターンが実施できますので、絶えず高いGをかけ続けてエネルギーを大きくロスしてしまう前にエネルギーを確保するように心がけます。

　どの機体でも速度を一定以下の低速度域に落としてしまうと、

再加速にはかなりの時間を要しますので、旋回中にコーナー・ベロシティを切ってきたらアンロード加速の準備をします。

　もし敵機がロースピード・ヨーヨーを開始した場合は、相手が自機に追いつくために必要なエネルギーをもっていないと判断できるので、この場合は相手に合わせて下方にブレイクせず、水平もしくは上方に旋回して相手との距離を離すように機動します。下方へのブレイク操作は上昇できない敵機を助けることになるため、現代においては正しい防御機動とはいえません。

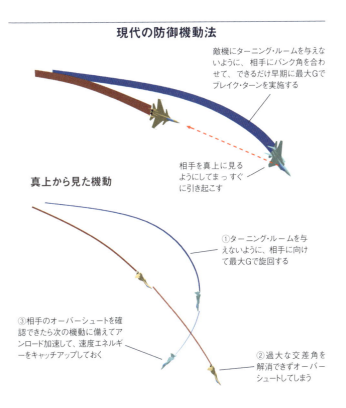

現代の防御機動法

敵機にターニング・ルームを与えないように、相手にバンク角を合わせて、できるだけ早期に最大Gでブレイク・ターンを実施する

相手を真上に見るようにしてまっすぐに引き起こす

真上から見た機動

①ターニング・ルームを与えないように、相手に向けて最大Gで旋回する

③相手のオーバーシュートを確認できたら次の機動に備えてアンロード加速して、速度エネルギーをキャッチアップしておく

②過大な交差角を解消できずオーバーシュートしてしまう

Science of a Dogfight
2-12

スナップロール、木の葉落とし

―レシプロ機時代のテクニック

　ドッグファイトは、第一次世界大戦の時代から行われてきましたが、ここでは初期のレシプロ（プロペラ）機の時代に活躍した空中戦のテクニックをいくつかご紹介します。

　「スナップロール」は、通常のエルロンで行うロール機動とは異なり、片方の主翼をあえて失速させて速いレートでロールするテクニックで、現在も曲技飛行の競技会などで実施されています。

　実施方法は、敵機が後方から追尾してきた際に操縦桿をすばやく手前に引いて迎え角を増加させるとともに、ロールしたい方向のラダー・ペダルを最大まで踏み込みます。この操作により機首がラダーを使用した方向へ偏向し、同時に偏向した内側の主翼が失速することにより左右で大きな揚力差が生じ、一気にロールします。エルロンを使用するよりも急激なロールが実施できるため、相手は照準を合わせることが困難になります。

　「木の葉落とし」は、第二次世界大戦で日本海軍の零戦が得意としていた戦法です。これは90度バンクに近い状態から下側への大きなラダー操作により、重力を利用した急激な横滑り（スリップ）を行って、背後にいる敵機の照準線から離脱するとともに急降下するテクニックです。

　こうした動きがひらひらと落ちる木の葉の様子に似ていることから、この名称がつけられました。降下後は獲得した速度エネルギーを活かして上昇反転により反撃に転ずるか、そのまま離脱するかを選択できます。この機動を初めて経験した敵機が、目の前から突如消えた相手がいつの間にか後方から迫ってくるという信じがたい状況にさらされたことは想像にかたくありません。

スナップロール

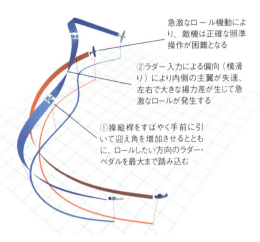

急激なロール機動により、敵機は正確な照準操作が困難となる

②ラダー入力による偏向（横滑り）により内側の主翼が失速、左右で大きな揚力差が生じて急激なロールが発生する

①操縦桿をすばやく手前に引いて迎え角を増加させるとともに、ロールしたい方向のラダー・ペダルを最大まで踏み込む

木の葉落とし

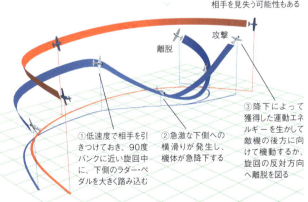

相手の急激な降下機動により追尾が困難になるほか、相手を見失う可能性もある

攻撃

離脱

①低速度で相手を引きつけておき、90度バンクに近い旋回中に、下側のラダー・ペダルを大きく踏み込む

②急激な下側への横滑りが発生し、機体が急降下する

③降下によって獲得した運動エネルギーを生かして敵機の後方に向けて機動するか、旋回の反対方向へ離脱を図る

Column 02

Science of a Dogfight

パイロットに加わる「G」

激しい機動を行う戦闘機のパイロットの身体には、大きな重力加速度「G」がかかります。

ドッグファイトで相手の後方に回り込むためには、いかに高いGで旋回できるかどうかが重要となりますが、現代の戦闘機は最大で9Gもの旋回が可能となっています。これは自身の体重が9倍になることを意味しており、体重が70kgのパイロットの場合は、実に630kgもの力で下方に押しつけられることになります。

戦闘機のパイロットにはこうした厳しい環境下で操縦することはもちろん、敵機の位置を確認するために身体をひねったり、頭を左右に大きく動かせる能力が求められています。

なお、高いGがパイロットにおよぼすさまざまな影響のなかでもっとも大きな問題となるのは、Gによって血液が下方に偏ることで頭部へ血液が十分に供給されず、一時的に視力（視界）が失われたり、最悪のケースでは意識を喪失してしまう危険性があることです。

そのため戦闘機のパイロットは、血液が下方に偏るのを防ぐために「耐Gスーツ」を着用しています。これはGが加わる際に両脚や下腹部に巻かれた気嚢を血圧計のように空気で膨張させて圧迫する装備です。この耐Gスーツの装着により、1～1.5Gの軽減効果があるといわれています。

なお、通常の機動ではパイロットの下方に向けてGが加わりますが、回避機動や曲技飛行などでは反対方向の「マイナスG」が加わります。パイロットにとってマイナス方向の過大なGは身体機能に重大な悪影響をおよぼすため、機体の制限荷重もマイナス側は－3G程度に小さく設定されています。

第3章
戦闘機に搭載される武装

戦闘機にはミサイルをはじめ爆弾や砲弾など、実にさまざまな種類のウエポン（武器）が搭載されます。第3章では、戦闘機同士の戦闘で使用される空対空ミサイルやレーダーなどの搭載電子機器について紹介します。

写真/赤塚 聡

Science of a Dogfight

3-01

ミサイルの基本構成

—さまざまなモジュールが組み合わされる

　戦闘機に搭載可能な兵装システムには、機関砲をはじめ爆弾やロケット弾、そしてミサイルなどがあります。このなかで機関砲や爆弾などは、発射・投下後に飛翔経路を変更することが不可能なため、発射の際はパイロットが正確に照準を合わせる必要があります。

　一方でミサイルは、目標に向けて誘導が可能なウエポン（兵器）であり、推進装置を有するため射程が長く、命中精度が高いという特長があります。最近では爆弾に誘導装置を取りつけた誘導爆弾がありますが、推進装置をもたないのでミサイルには分類されません。

　ミサイルの基本的な構成は、探知・誘導装置、弾頭、信管、飛行制御装置、推進装置などで、これらのモジュールが組み合わされています。

「探知・誘導装置」は、目標を探知・識別してミサイルを誘導するシステムで、そのセンサーに該当する部分は「シーカー」と呼ばれています。誘導方式にはみずからレーダーを有するアクティブ方式、発射母機などから照射された電波の反射波を捉えるセミ・アクティブ方式、目標が発する赤外線や電波などを捉えるパッシブ方式などがあります。目標の情報は飛行制御装置に伝えられ、目標を追尾するようにミサイルを飛翔させます。

「弾頭」は、高性能火薬などにより目標を撃破するための装置で、信管の指令により起爆します。内部にはフラグメントと呼ばれる金属片などが配合されており、目標に大きなダメージを与えるように設計されています。

「信管」は目標に命中した衝撃で起爆させる着発信管と、目標の近くに接近した際に起爆させる近接信管の2種類が装備されています。

「飛行制御装置」は誘導装置からの指令により操舵翼を制御し、ミサイルを目標に向けて飛翔させるためのシステムです。近年では機動性の向上のため、推力偏向装置（TVC※）を装備したミサイルも登場しています。

「推進装置」は固形のロケットモーターのほか、小型のジェットエンジンを装備したタイプなどがあり、ミサイルを高速で飛翔させます。

※ **TVC**：Thrust Vector Control

ミサイルの基本構成

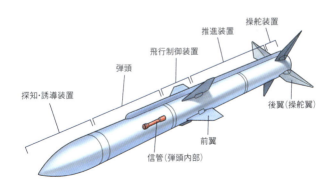

3-02

Science of a Dogfight

空対空ミサイルの種類と運用

—どの位置から撃つかが重要

　ひと口にミサイルといっても、航空機から発射するもの以外に地上や艦艇、そして潜水艦などから発射するものなど数多くの種類があります。戦闘機に搭載されるミサイルは、空対空および空対地（艦）の2種類です。このうち航空機間の戦闘には、空対空ミサイル（AAM[※1]）が使用されます。

　空対空ミサイルは、射程に応じて長射程、中射程、短射程の3種類に分類されます。また誘導方式には、ミサイルに装備されたレーダーで目標に指向するアクティブ・レーダー・ホーミング（ARH[※2]）や、発射母機のレーダーの反射波をたどりながら目標に指向するセミアクティブ・レーダー・ホーミング（SARH[※3]）、目標機が放出する熱源を感知して目標に指向する赤外線ホーミング（IRH[※4]）などがあります。

　これらの誘導方式のなかで、ARHやIRHはミサイルの発射直後に回避機動を取ったり、別の目標に対処することができますが、SARH方式では発射からミサイルが命中するまでの間は、発射母機がレーダーのロックオンを継続する必要があります。

　このほかにも誘導方式によって一長一短がありますが、一般的に長射程ミサイルにはARH、中射程ミサイルにはARHまたはSARH、そして短射程ミサイルにはIRHなどの方式が採用されています。なお、中／長射程ミサイルでは、飛翔時の中間段階に慣性誘導や指令誘導などの方式が採用されており、ミサイル自身のシーカーで目標がロックオン（追尾）可能な段階になった時点で、最終的な誘導方式に切り替わるようになっています。

　さて、空対空ミサイルは敵機に対してどのような位置から発射

することができるのでしょうか？

　水平直線飛行を継続する非機動目標機に対するSARH方式AAMの発射可能領域を図に示します。いちばん外側のラインが示す最大射程の領域は、前方象限側では目標機が接近してくることもあって前方に長く、団扇のような形をしています。また内側には最小射程のラインが設定されていますが、これらの発射可能域の内外では、仮にミサイルを発射しても命中させることができません。

　なお、目標機の側方象限（ビーム領域）で相手を見下ろすような位置では、レーダーの性質上ロックオンの継続が困難になるため、この領域では目標機を見上げる（ルックアップ）位置から発射する必要があります。また側方および後方象限の遠方から発射した場合は、近接信管の特性により目標の至近距離でミサイルが起爆しない可能性があるため、撃墜の確率は低くなります。

※1 **AAM**：Air to Air Missile
※2 **ARH**：Active Radar Homing
※3 **SARH**：Semi-Active Radar Homing
※4 **IRH**：Infra-Red Homing

非機動目標に対するセミアクティブ・レーダー誘導方式AAMの発射可能領域

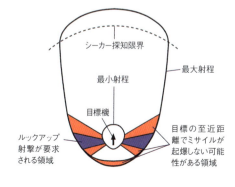

最大射程は推進装置（ロケットモーター）の燃焼可能時間などで決定される。最小射程は、ミサイルが機体から分離後、追尾機動が可能な状態になるまでの時間や、信管の作動準備が完了するまでの時間などで決定される

Science of a Dogfight
3-03

AIM-9サイドワインダー（米）

―赤外線パッシブAAM ❶

　空対空ミサイルの黎明期にアメリカ合衆国（以下、米国）で開発され、まさにAAMの代名詞といわれるのが、AIM-9サイドワインダー・シリーズです。敵機が放出するジェット排気などの熱源を追尾する赤外線ホーミング方式を採用した小型・軽量なミサイルで、発射後に母機からの誘導が不要というメリットがあり、多くの機種で採用されています。

　愛称の「サイドワインダー」は、目標が発する赤外線を捉えて攻撃するガラガラヘビにちなんで名づけられています。

　1940年代後半に開発が開始されたAIM-9は、最初の実用型であるB型が、1958年9月の金門馬祖周辺（台湾海峡）における戦闘時に台湾空軍のF-86F戦闘機から発射され、中華人民共和国のMiG-17を撃墜、これが実戦における空対空ミサイルによる初の撃墜例となりました。

　その後も改良が進められ、赤外線シーカーやロケットモーターの性能を向上させた第2世代のAIM-9D/Eをはじめ、第3世代のAIM-9Lからは敵機の後方象限だけでなく、前方象限も加えた全方位から発射できる能力を獲得しています。

　現在では妨害に強い赤外線画像ホーミング方式のシーカーや、推力偏向制御（TVC）の採用により運動性能を向上させたAIM-9Xに発展しています。

　なおAIM-9Lでは、シーカーの向きを母機のレーダーと連動させて攻撃範囲を拡大しましたが、AIM-9Xではさらにパイロットのヘルメットに装備された照準装置（HMS*）により、真横にいる敵機も攻撃可能な高いオフ・ボアサイト交戦能力を獲得しています。

※ **HMS**：Helmet Mounted Sight

第3章 戦闘機に搭載される武装

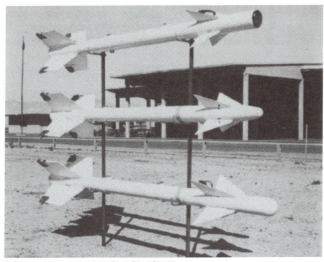

初期のAIM-9シリーズ。上からB型、D型、C型の順
写真/米空軍

シーカーの可動範囲を増大させ、高いオフ・ボアサイト交戦能力を獲得した最新型のAIM-9X
写真/米海軍

AIM-9X
全長：3.02m 翼幅：0.45m 直径：0.13m 重量：85kg 誘導方式：慣性＋赤外線画像誘導 飛翔速度：マッハ2.5以上 射程：40km以上

67

Science of a Dogfight

3-04

AAM-5（日本）

─赤外線パッシブAAM ❷

　航空自衛隊が現在装備を進めている最新の短射程対空ミサイルが、AAM-5（04式空対空誘導弾）です。わが国では1950年代のAAM-1から始まる、空対空ミサイルの国内開発を継続的に行っていますが、AAM-5は従来のAAM-3（90式空対空誘導弾）に比べて機動性や発射可能なエンベロープ（領域）、そして対赤外線妨害排除（IRCCM[※1]）能力などの面で、さらに進化を遂げています。

　AAM-5には低抵抗の空力形状が採用されており、飛行制御については従来のカナード（前翼）ではなく、後翼と推力偏向制御（TVC）により行うことで、長い射程と高い機動性を確保しています。シーカーには赤外線フォーカル・プレーン・アレイ方式の多素子タイプを採用しており、赤外線画像（IIR[※2]）で目標を的確に判別できるほか、フレアなどの赤外線妨害手段への対抗能力も向上しています。またシーカーを支えるジンバルの3軸化やジャイロの小型化によってシーカーの首振り角が増大しており、大きなオフ・ボアサイト交戦能力を獲得しています。

　なお、AAM-5の特長のひとつにLOAL[※3]（発射後ロックオン）モードの採用があります。これは発射直後の初期は慣性誘導で飛翔し、終末は赤外線画像シーカーによる空中自動ロックオン方式によって誘導される機能で、運用の柔軟性が向上しています。

　現在では、赤外線シーカーの冷却持続時間の延長やIRCCM能力などの向上が図られたAAM-5Bへ進化しています。

　AAM-5は能力向上改修が施されたF-15Jのほかお F-2への搭載改修も進められており、F-15Jではヘルメット搭載型照準装置（HMS）との組み合わせにより、格闘戦能力が大幅に向上しています。

※1 **IRCCM**：Infra-Red Counter Counter Measures
※2 **IIR**：Imaging InfraRed

第3章 戦闘機に搭載される武装

F-15Jに搭載されたAAM-5。先端のシーカー（探知・誘導制御装置）がある透過部分の形状からも首振り角の大きさがわかる。シーカーの後方は近接信管（黒い小窓のある部分）、その後方が弾頭（緑色部分）、さらにその後方が推進装置、そして後端が操舵翼などの駆動部となっている。なお中央付近には細長い4枚のストレーキ（小翼）が装備されている　　写真/赤塚 聡

後端のロケット・ノズルの直後には、操舵翼と連動する推力偏向用の「ガイドベーン（羽根）」が装備されている　　写真/赤塚 聡

AAM-5
全長：3.10m　翼幅：0.41m　直径：0.13m　重量：95kg　誘導方式：慣性＋赤外線画像誘導　飛翔速度：マッハ3　射程：約35km

※3 **LOAL**：Lock On After Launch

Science of a Dogfight
3-05

AIM-7スパロー（米）

―セミアクティブ・レーダー AAM ❶

　AIM-7スパローは、米国で開発された世界初の中射程空対空ミサイルです。開発計画がスタートしたのは第二次世界大戦直後の1946年でしたが、プロトタイプの初試射までには約7年の年月を要しました。

　しかし、当時の電子技術の水準では要求される性能を満たすことが難しく、最初の量産型のAIM-7Aやその改良型のAIM-7Bは実用に耐えるだけの性能をもっていませんでした。

　その後の1958年には、セミアクティブ・レーダー誘導（SARH）方式のシーカーや中央に大きな操舵翼を配置した設計など、現在のスパロー・シリーズの基本構成を確立したAIM-7C（スパローⅢ）が開発されました。AIM-7Cを搭載したF-4戦闘機は、ベトナム戦争に投入されて戦果をあげています。

　セミアクティブ・レーダー誘導方式のAIM-7Cは、命中するまで目標機に誘導用電波の照射を継続する必要がありましたが、それでも当時は、ライバルの空対空ミサイルに比べて圧倒的に長い射程距離を誇っていました。

　その後も改良が進み、AIM-7EやAIM-7FそしてAIM-7Mへと進化を遂げたスパローは、西側諸国の中射程AAMのベストセラーとなったほか、英国のスカイフラッシュやイタリアのアスピデなど、各国で独自の改良が加えられた派生型も登場しました。最終的に新型の信管や電子機器を採用したAIM-7Pが登場しましたが、現在ではAIM-120AMRAAMに代表されるアクティブ・レーダー誘導方式の中射程AAMへの世代交代が進められています。

第3章 戦闘機に搭載される武装

航空自衛隊のF-4EJ改に搭載されるAIM-7M。F-4EJは導入当初にAIM-7Eを使用していたが、近代化改修を経たあとは、改良型のAIM-7F/-7Mの運用が可能となっている　写真/赤塚 聡

AIM-7を搭載した米海軍のF/A-18C。AIM-7シリーズはAMRAAMが登場するまでは西側の中射程AAMのスタンダードだった　写真/米空軍

AIM-7P
全長：3.66m　翼幅：1.02m　直径：0.20m　重量：231kg　誘導方式：セミアクティブ・レーダー誘導　飛翔速度：マッハ4　射程：70km

71

Science of a Dogfight

3-06

R-27（露）

―セミアクティブ・レーダー AAM ❷

　R-27（NATOコードネーム：AA-10「アラモ」）は、旧ソビエト社会主義共和国連邦（以下、旧ソ連、現ロシア）で開発された中／長射程空対空ミサイルです。R-27は、従来のR-23（AA-7「アペックス」）の後継ミサイルとして1970年代の初頭に開発がスタートしました。1980年代の中期に実用化されて、おもに旧ソ連の第4世代戦闘機にあたるMiG-29やMiG-31、Su-27などの主兵装として装備されました。

　R-27Rはセミアクティブ・レーダー誘導（SARH）方式を採用しており、米国のAIM-7Mスパローに匹敵する性能を有するといわれています。最大射程ではAIM-7を凌駕しているほか、射程をさらに延長したR-27ERも開発されており、現在、ロシアの主力中射程AAMとなっています。AIM-7などの西側諸国のAAMと比べると、翼端に向かって面積が増大する逆テーパー形状の操舵翼など独特の技術が採用されているほか、ロシアのAAMの特徴として、各モジュールを交換することにより、誘導方式や射程などを選択することができるようになっています。

　SARH方式のR-27R/ER（射程延長型）をはじめ、赤外線誘導方式のR-27T/ET（射程延長型）、アクティブ・レーダー誘導方式のR-27AEのほか、超低空を飛行する目標に対処すべくSARH誘導のシーカーを改良したR-27EM、そして空中警戒管制機（AWACS※）や地上のレーダーサイト、イージス艦などに対して攻撃可能なパッシブ・レーダー誘導方式のR-27P/EP（射程延長型）などさまざまなバリエーションが存在しており、任務に応じて効果的に使い分けることが可能となっています。

※ **AWACS**：Airborne Warning And Control System

第3章　戦闘機に搭載される武装

R-27を発射するドイツ空軍のMiG-29。1990年の統合により、旧東ドイツが保有していた装備も運用された
写真/米空軍

逆テーパー形状の操舵翼を採用したR-27（中央の2発）。シーカーをモジュール交換することで誘導方式を選択できる
写真/今原太郎

R-27R
全長：4.08m　翼幅：0.77m　直径：0.23m　重量：253kg　誘導方式：セミアクティブ・レーダー誘導　飛翔速度：マッハ4.5　射程：80km

Science of a Dogfight

3-07

AIM-120 AMRAAM(米)

―アクティブ・レーダー AAM ❶

AIM-120は米空軍と米海軍により共同開発された、アクティブ・レーダー誘導（ARH）方式の中射程空対空ミサイルです。先進中距離空対空ミサイル（AMRAAM[*1]）にちなんで「アムラーム」と呼ばれています。

AIM-120はそれまでのAIM-7スパローに代わる中射程空対空ミサイルとして、1970年代の半ばに開発がスタートしましたが、高度な技術レベルが要求されたため開発期間が長引き、実用部隊に対する配備が開始されたのは湾岸戦争終了間際の1991年でした。その後はすぐれた性能が評価されて、西側の多くの空軍などが導入しており、現在では中射程AAMの代表格となっています。

AIM-120は中間誘導に指令慣性誘導方式、終末誘導にアクティブ・レーダー誘導方式が採用されています。通常はまず最初に発射母機から目標の情報を受け取り、発射されたあとは慣性航法ユニットにより自律飛行します。AIM-120で特徴的なのは、その途中においても母機からレーダー波により最新の目標情報を受け取り、必要に応じて飛行経路の更新が可能な点です。目標にある程度の距離まで接近したあとは、自身のレーダーにより目標を追尾します。

もちろんARH方式の利点でもある「撃ちっ放し能力」を備えているため、発射後は回避機動を取ったり、別の目標に指向することができるほか、近接戦闘やECM（電子妨害）に対応するモードもあり、柔軟な運用が可能となっています。

AIM-120はAIM-7以上の最大射程を有していますが、サイズ

自体はAIM-7よりも若干小型なほか、重量が3分の2程度に減少しているため、小型軽量な短射程のAIM-9サイドワインダーとランチャー(発射器)の共用が可能になっています。そのため、従来はAIM-7などの中射程AAMが装備できなかったF-16ファイティング・ファルコンやAV-8Bハリアーなどの軽量戦闘機に目視距離外(BVR[※2])戦闘能力を与えることが可能となりました。

なおF-22Aラプターは、独自に改良されたAIM-120Cを主兵装としています。超音速領域からの発射により射程の大幅な延伸が図られており、F-22Aの強力な攻撃力の柱となっています。

※1 **AMRAAM**：Advanced Medium Range Air to Air Missile
※2 **BVR**：Beyond Visual Range

空母の甲板上をドーリー(台車)に乗せられて運ばれるAIM-120　　　写真/米海軍

AIM-120
全長：3.70m　翼幅：0.53m　直径：0.18m　重量：152kg　誘導方式：指令慣性＋アクティブ・レーダー誘導　飛翔速度：マッハ4　射程：75km

Science of a Dogfight

3-08

AAM-4（日本）

―アクティブ・レーダー AAM ❷

　21世紀初頭以降に予想される戦闘状況下において、脅威となる航空機や空対地ミサイルに対処するために国内で開発された中射程の空対空ミサイルが、AAM-4（99式空対空誘導弾）です。

　誘導方式は初期から中期においては慣性航法装置（INS[1]）による指令慣性誘導、終末では内蔵されたシーカーによるアクティブ・レーダー誘導を採用しており、完全な撃ちっ放し能力を備えているほか、同時多目標対処能力も獲得しています。またシーカーや専用の指令送信機などが使用する電波に特殊な変調方式を導入することで、電子妨害に対抗するECCM[2]能力を高いレベルで実現しています。

　弾体のサイズをAIM-7と同等にすることで、ランチャーなどの共通化を図ったほか、空気抵抗が少ない弾体形状や、燃焼パターンを2段階に変化させるデュアル・スラスト・ロケットモーターの採用により、具体的な数値は非公表ながら、AIM-7の2倍となる100km以上の長射程を実現したといわれています。さらにアクティブ・レーダー方式の近接信管と大型の指向性弾頭により高い撃墜率を実現したほか、空対地ミサイルなど超低空目標への対処能力も獲得しています。

　2010年からは改良型のAAM-4Bの調達が開始されています。シーカーをアクティブ・フェイズド・アレイ方式に変更し、新しい方式の信号処理機能を追加して探知距離の延伸を図ったほか、ECCM能力やレーダーによる探知が困難な横行する目標への対処能力が向上しています。AAM-4は専用の機器が必要なので、搭載改修を終えたF-15J/DJとF-2での運用に限定されています。

※1 **INS** : Inertial Navigation System
※2 **ECCM** : Electronic Counter-Counter Measures

第3章 戦闘機に搭載される武装

右翼下にAAM-4Bを搭載したF-2A。装備化にともなう改修では、専用の指令送信機の追加と火器管制用ソフトウェアの更新などが行われた

アクティブ・フェイズド・アレイ・シーカーを採用したAAM-4B。AAM-4はAIM-7とは異なり後ろが操舵翼となる。前翼の後方に見える黒色の四角形の部分がアクティブ・レーダー方式の近接信管

AAM-4
全長：3.67m　翼幅：0.79m　直径：0.20m　重量：223kg　誘導方式：指令慣性＋アクティブ・レーダー誘導　飛翔速度：マッハ4以上　射程：100km以上（推定）

Science of a Dogfight
3-09

R-77（露）

——アクティブ・レーダー AAM ❸

R-77（NATOコードネーム：AA-12「アッダー」）は、旧ソ連で開発された中・長射程空対空ミサイルです。

1980年代の初頭に開発がスタートし、1994年に実用化されて、ロシアの第4世代戦闘機に装備されました。

R-77はアクティブ・レーダー誘導（ARH）方式を採用しており、システム構成や運用方法が米国のAIM-120 AMRAAMに近いことから「アムラームスキー」と揶揄されていますが、長射程のロケットモーターや最後部に配置された格子状の操舵翼などをはじめとする独自技術の採用により、その射程や機動性能はAIM-120を凌駕するともいわれています。

R-77の誘導方式は、中間誘導にデータリンクで目標位置をアップデート可能な指令慣性誘導、そして終末誘導にアクティブ・レーダー誘導を採用しており、AIM-120と同様に撃ちっ放し能力を有しています。また電子妨害を受けると、自動的にパッシブ・モードに切り替わって、妨害電波を発信している目標に向かうことも可能となっています。

最大射程は80km以上とされているほか、固体燃料ラムジェット・エンジンを搭載した改良型のR-77-1では、最大射程が110kmに延伸されているほか、ECCM能力も向上しており、ロシアでもっとも射程の長いミサイル・シリーズとなっています。

R-77はMiG-29S/M、MiG-31/-31M、Su-27K、Su-30、Su-35などの現用ロシア戦闘機に対する搭載が可能となっており、セミアクティブ・レーダー誘導方式のR-27R中射程ミサイルなどからの更新が進められています。

78

第3章 戦闘機に搭載される武装

尾部に特徴的な格子状の操舵翼を装備したR-77　　　　　　　　　　写真/鈴崎利治

主翼内舷に2発のR-77を搭載したSu-35　　　　　　　　　　写真/スホーイ

R-77
全長：3.60m　翼幅：0.70m　直径：0.20m　重量：175kg　誘導方式：指令慣性＋アクティブ・レーダー誘導　飛翔速度：マッハ4以上　射程：80km

79

Science of a Dogfight

3-10

ミーティア（欧州）

—アクティブ・レーダー AAM ❹

　ミーティア（Meteor）は、ヨーロッパの次世代の長射程空対空ミサイルとして開発されたアクティブ・レーダー誘導（ARH）方式のAAMです。開発は英国やフランス、イタリアなどの防衛企業が合併して誕生したMBDA社が担当しました。

　ミーティアは英国空軍などで使用されている「スカイフラッシュ」中射程空対空ミサイルに代わる次世代のAAMを求める英国国防省の要求により、2000年ごろから本格的に開発プロジェクトがスタートしました。米国のAIM-120を上回る性能が要求されていますが、これにはロシアのR-77PD（射程延長型）に対抗する狙いがあるといわれています。

　搭載機種はユーロファイターやラファール、グリペンなどの第4.5世代機で、特にユーロファイターに装備予定のAESA[※1]レーダー「キャプターE」との組み合わせにより、高い目視距離外戦闘能力を獲得しています。

　このミサイルの特徴は、推進装置にラムジェット・エンジンの一種である推力可変式ダクテッド・ロケット（TDR[※2]）を採用している点で、AIM-120と同程度のサイズながら100km以上の射程とマッハ4以上の速度を実現しています。

　誘導方式は同クラスのAAMと同様に、中間誘導がデータリンクによるアップデートが可能な指令慣性誘導、そして終末誘導がアクティブ・レーダー誘導で、中間段階のアップデートは発射母機だけでなく僚機やAWACSなどに引き継がせることも可能なため、完全な撃ちっ放し能力を備えています。

　現在は、日本と共同でF-35などに搭載可能なJNAAM[※3]と呼

ばれる発展型の研究が進められており、搭載数の増加を図るために操舵翼の小型化や、日本のAAM-4Bで採用されているアクティブ・フェイズド・アレイ方式のシーカー技術の適用が検討されています。

ラファールに搭載されたミーティア。下側2つの突起がTDR（推進装置） 写真/MBDA

ユーロファイターには、胴体下面の前方に半埋め込み式で2発が搭載できる 写真/MBDA

ミーティア
全長：3.65m　直径：0.18m　重量：185kg　誘導方式：指令慣性＋アクティブ・レーダー誘導　飛翔速度：マッハ4以上　射程：100km以上

※1 **AESA**：Active Electronically Scanned Array
※2 **TDR**：Throttleable Ducted Rocket
※3 **JNAAM**：Joint New Air-to-Air Missile

Science of a Dogfight

3-11

M61A1バルカン砲(米)

―機関砲

　第一次世界大戦から第二次世界大戦にかけて、航空機同士の戦闘には、おもに機関銃や機関砲が使用されました。しかし戦後、ジェット機が登場するようになると、航空機の高速化にともなって有効な射撃効果を得るために、発射速度の向上が求められるようになりました。

　各国で高速発射が可能な機関砲の開発が進められましたが、その代表作として米国が開発したM61 20mmバルカン(vulcan)砲があります。「vulcan」とはローマ神話に登場する火神の名です。M61はロッキードF-104スターファイターから、最新のF-22Aラプターに至るまで、地道な改良を経ながら、米国製戦闘機の標準機関砲として採用されています。

　現代の航空機同士の戦闘ではおもに空対空ミサイルが使用されますが、ミサイルとは異なりいっさいの妨害を受けない無誘導の機関砲は、現在でも近距離戦における有効なウエポンとして、その有用性が認められています。

　M61は6門の砲身が環状に並べられたガトリング砲で、油圧により砲身を回転させながら給弾・装填・発射・排莢というサイクルを繰り返すことにより連続射撃が可能な構造です。1分間に最大6,000発という高い発射速度を誇っています。

　M61で使用される20mm弾には、命中時に炸裂する榴弾のほか、焼夷榴弾や徹甲焼夷弾、信号射撃などに使用される曳光弾、そして射撃訓練に使用する訓練弾などの種類があります。

　なお、M61は航空機以外に艦艇や地上部隊の低高度防空用機関砲としても採用されています。

第3章 戦闘機に搭載される武装

航空自衛隊のF-1（写真は原型機）の、機首左側に装備されたM61バルカン砲　　写真/赤塚 聡

航空自衛隊のF-2B（試作機）に対する20mm弾の搭載風景　　写真/赤塚 聡

M61A1
全長：1.83m　口径：20mm　砲身：6本　重量：112kg（本体のみ）　発射速度：6,000（4,000）発/分（切替式）

83

Science of a Dogfight

3-12

火器管制レーダー（FCR）

―敵の探知や兵装類の射撃に不可欠

　戦闘機の機首には、敵の航空機を捜索・追尾するための**火器管制レーダー（FCR[1]）**が装備されています。レーダーでは自機の前方象限に存在する目標の距離や方位、高度などの位置情報が得られるほか、ミサイルの誘導をはじめ機関砲射撃や空対地射爆撃の照準計算などに使用されるため、その能力は戦闘機にとってきわめて重要です。

　ごく初期の戦闘機搭載用レーダーは、正面に向けて発信した電波が目標に反射して返ってくるまでの時間を測定して距離を算出するという単純なもので、この測距レーダーで敵機までの距離を算出して、機関砲射撃の照準などに活用していました。

　のちにパルス状の電波を送受信するアンテナを上下左右に振りながら捜索するタイプのレーダーが登場し、目標の方位や距離、高度といった3次元の情報を探知することが可能となりました。

　しかし、単純に反射波だけを受信するレーダーでは、下方を捜索する際に地面や海面からの反射波のなかに目標が紛れてしまうため、近年は速度をもって移動している目標に反射した電波のドップラー・シフト（周波数変位）を探知できるようにした**パルス・ドップラー・レーダー**が主流となっています。

　なお、セミアクティブ・レーダー誘導方式のミサイルを使用する際は、レーダーで目標をロックオンして継続的にレーダー波を照射することによりミサイルを誘導します。

　最近ではアンテナを機械的にスキャン（走査）させず、平面上に配列した多数の小型アンテナ素子が放射する電波の位相を電気的に制御・合成することで走査を可能にする**フェイズド・アレイ・**

レーダーが実用化されており、アクティブ電子走査アレイ（AESA[※2]）レーダーとも呼称されています。

なお、一部の火器管制レーダーには、空対空以外にも空対地用のモードがあり、対地目標の捜索・追尾やグラウンド・マッピングと呼ばれる地形判読が可能な多機能タイプもあります。

※1 **FCR**：Fire Control Radar
※2 **AESA**：Active Electronically Scanned Array

レーダー・ディスプレイ

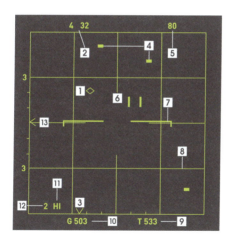

1 IFF（敵味方識別装置）目標シンボル
2 高度カバーレンジ
3 アンテナ方位カーレット（位置）
4 目標シンボル
5 レーダー・レンジ・スケール
6 補捉シンボル
7 ホライズン・バー
8 グリッドライン
9 対気真速度（TAS）
10 対地速度（GS）
11 パルス繰り返し周波数（PRF）モード
12 エレベーション・バー数
13 アンテナ迎角カーレット（位置）

85

3-13

Science of a Dogfight

ヘッド・アップ・ディスプレイ（HUD）

―計器盤を見なくても飛行・戦闘情報を確認できる

　戦闘機の正面計器盤の上部には、ヘッド・アップ・ディスプレイ（HUD）が装備されています。これは自機の姿勢や飛行諸元（速度、高度、針路など）に加えて、目標の情報や照準など各種の情報を、パイロットの前方の視界越しに表示することが可能な機器です。飛行や戦闘に必要な情報を、下方の計器盤に視線を落とすことなく得られるようになっています。

　これは正面に配置された専用のガラス面にさまざまな情報が光学的に投影される構造で、外界を見ながら情報の判読が可能なように、焦点は無限遠に設定されています。HUDのルーツは機関砲の射撃に使用する照準環などが表示される光学照準器で、のちに飛行諸元や自機の姿勢なども統合して、わかりやすく表示される現在の形に進化しました。

　現代の戦闘においてHUDは火器管制レーダーとともに不可欠な装備となっており、基本的に目標をロックオンした後はレーダー・ディスプレイを参照することなく、HUDの指示のみでミサイル攻撃することも可能になっています。

　なお、前方監視赤外線（FLIR*）装置を装備している機体では、HUDに赤外線画像を投影することにより、夜間でも地形や地物を参照しながら飛行することが可能です。

　最近では戦闘機以外にも、輸送機やヘリコプターそして民間機の世界でHUDの装備が進められていますが、現在、米国を中心に配備が進められているステルス戦闘機のF-35では、ヘルメットのバイザーにすべての情報が投影される最新のシステムを採用したため、従来型のHUDは廃止されています。

第3章 戦闘機に搭載される武装

HUDの表示例（機関砲モード）

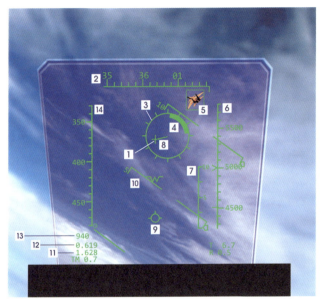

1 ガン・クロス
2 機首方位
3 ガン・レティクル（照準環）
4 目標距離（クロック表示：1,000フィート単位）
5 ターゲット・ボックス（アンテナ・ライン・オブ・サイト）
6 高度（フィート表示）
7 目標距離スケール
8 ラグ・ライン
9 ベロシティ・ベクター（航空機の進行方向）
10 ピッチスケール
11 荷重（G）表示
12 マッハ数
13 20mm弾残数
14 速度（IAS：ノット表示）

※ **FLIR**：Forward Looking Infra-Red

Science of a Dogfight
3-14

電子妨害（ECM）装置

―敵に発見されないようにする装備

　戦闘機をはじめとする作戦機にとって、敵のレーダーに探知されることは、みずからの存在だけでなく行動や意図などを知られてしまうため、その後の作戦行動に大きな支障をきたします。しかしながら、敵の防空警戒網や戦闘機などのレーダーから身を隠すことはステルス機でないかぎり不可能です。

　もし敵のレーダーに探知されたり、さらにロックオンされた場合は、直接的な脅威にさらされることになりますので、電子的な妨害や欺瞞手段によって自機を防御する必要があります。

　そのため多くの戦闘機には、自己防御用の電子妨害（ECM※）装置が装備されています。この妨害装置には機内に装備された「内装型」と、「ポッド」と呼ばれる筒状の装置を胴体や主翼の下のパイロンに装着する「外装型」の2種類があります。

　内装型は兵装を搭載するステーションを占有しないほか、空気抵抗の面でも有利なのに対し、外装型は想定される脅威に対して柔軟にシステムを組み合わせて搭載できるというメリットがあります。

　電子妨害には、相手のレーダー波に対して強力な電波を発信して自機の反射波をノイズのなかに隠してしまうノイズ・ジャミング（妨害）をはじめ、レーダーの反射波の位相を変化させたり、より強い電波を時間差で送信することにより角度や速度を欺くディセプション（欺瞞）などさまざまな手段があります。

　なお、電子妨害の定義のなかにはレーダー波だけでなく、通信などの電波をはじめ赤外線などの光波に対する妨害も含まれており、そうした妨害装置も開発されています。

第3章 戦闘機に搭載される武装

胴下にAN/ALQ-131ECMポッドを搭載した航空自衛隊(飛行教導群)のF-15DJ　　写真/赤塚 聡

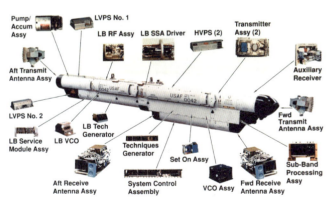

AN/ALQ-184ECMポッドとその構成品　　写真/米空軍

※ **ECM**：Electronic Counter Measures

Science of a Dogfight

3-15

チャフ、フレア、曳航式デコイ

―敵ミサイルから身を守る装備

　近年のミサイル技術の進歩にはめざましいものがありますが、同時にミサイルから逃れる技術も進歩しています。

　現用の戦闘機をはじめとする作戦機には、ミサイルなどから身を守る「チャフ」や「フレア」を射出するための自己防御用ディスペンサー（CMD*）が装備されています。

　チャフは髪の毛ほどの細さのファイバー繊維などに金属コーティングを施したもので、敵のレーダーからロックオンされた場合に射出して、レーダー波を自機よりも強く（大きく）反射させることによりロックオンをそらすことが可能です。そのため、レーダー誘導方式のミサイルに対して有効な対抗手段です。

　一方のフレアは、赤外線ミサイルから追尾されている際に囮（デコイ）として射出する熱源で、航空機のジェット排気に似た波長の赤外線を放出するように工夫されています。

　チャフやフレアの射出はパイロットの手動操作のほか、レーダー警戒装置やミサイル警戒装置などと連動させることも可能となっています。

　最近では射出式の小型電子妨害（ECM）装置も開発されており、射出後は敵のレーダー波に合わせて効果的な欺瞞を行うほか、ECM機能をもつ囮を長いケーブルで機体の後方に曳いて防御する曳航式デコイも登場しています。

　曳航中は機動が一部制限されるものの、射出式のECM装置に比べて妨害持続時間が長いことや、妨害出力を大きくできるというメリットがあり、レーダー誘導のAAMに効果的な対抗手段となります。

90　　　　※ **CMD**：Counter Measures Dispenser

第3章 戦闘機に搭載される武装

胴体下に装備されたALE-45Jチャフ/フレア・ディスペンサーからフレアを射出する航空自衛隊のF-15J
写真/赤塚 聡

F-16の主翼パイロンの基部に装備されたAN/ALE-50曳航式デコイ　　　　写真/赤塚 聡

3-16
Science of a Dogfight

HOTAS：スティック（操縦桿）

―レーダーやウエポンの操作法 ❶

　F-15に代表される第4世代機では、それ以前の機体のようにレーダーや兵装を操作する専門の乗員に頼ることなく、パイロットが1人で戦闘を行える能力が要求されました。そのため、パイロットが操縦中のスティック（操縦桿）やスロットル・レバーから手を離すことなく、レーダーなどの操作を可能とする「HOTAS※」という概念が採用されています。こうした機体の操縦桿やスロットルには、多数のスイッチやボタン類が配置されています。

　ここではF-15を例に取って説明しましょう。同機のスティックには通常の操縦に必要な機能のほか、兵装類の発射やレーダーのサーチモード選択などの機能をもたせたボタンが配置されています。スティックは右手で操作するよう設計されており、中指と薬指そして親指の付け根部で包み込むように握り、親指と人差し指、そして小指はボタン類の操作のために空けておきます。

　まず上部の中央には「トリム・スイッチ」が配置されており、親指で操作します。これは上昇・降下や旋回などでエルロンやスタビレーターを連続的に使用する際に、スティックに加えている操舵力を軽減して、便宜的に中立状態をつくりだす機構です。

　左右にクリックすることでエルロン、上下にクリックすることでスタビレーターのトリムが作動します。その左側には「兵装投下（発射）ボタン」が配置されており、親指で押すことによりミサイルや爆弾など、選択した兵装を発射・投下できます。

　上部の前方には「トリガー（引き金）」が配置されており、人差し指で手前に引くことにより、HUDの記録装置（VTR）の作動や、20mm機関砲の発射が可能となります。

第3章　戦闘機に搭載される武装

　左脇には「自動捜索ボタン」が配置されており、親指でレーダーの複数の捜索モードを切り替えることができます。また下部の前方には「前車輪ステアリング・ボタン（地上）」が配置されており、小指で手前に引くことにより操向可能な角度が拡大するほか、上空ではレーダーに同調させている短射程ミサイルのシーカーを解除（アンケージ）して、シーカーの追随状況を確認できます。

※ **HOTAS**：Hands On Throttle And Stick

スティックの操作ボタン・スイッチ類

兵装投下（発射）ボタン

HUDカメラ作動
ミサイル発射
↓
Ⓜ

Ⓜ 操作時のみ機能

トリム・スイッチ

Ⓜ **上方向** 機首下げ

Ⓜ **左方向** 　　 Ⓜ **右方向**
左翼下げ 　　　　 右翼下げ

Ⓜ **下方向** 機首上げ

トリガー（引き金）

　　　 Ⓜ 　　　 Ⓜ
オフ 　 **1段** 　 **2段**
　　 HUDカメラ 機関砲発射
　　 作動 　　 および
　　　　　　 HUDカメラ作動

前車輪ステアリング・ボタン（地上）

オフ ◆→ Ⓜ **手前**
　　　　　 作動角拡大

自動捜索／空中給油ボタン

　　 レーダー
前方 　　　 **後方**
1度押して離す 　 バーティカル・
スーパーサーチ 　 スキャン
2度押して離す
ボアサイト
　　 Ⓜ **下方**
　　 モード解除・
　　 サーチモード復帰

短射程ミサイル・ボタン（上空）

オフ ◆→ Ⓜ **手前**

1度押して離す
短距離ミサイルのシーカー固定解除

空中給油
　↓
オフ
　↓
Ⓜ **下方**
空中給油装置解除

← 機体前方

オートパイロット解除スイッチ（パドル・スイッチ）

オフ ◆→ Ⓜ **手前**
空中 オートパイロット解除
地上 前車輪ステアリング解除

93

Science of a Dogfight
3-17

HOTAS：スロットル・レバー

―レーダーやウエポンの操作法 ❷

　スティックに続いてHOTAS概念が導入されたF-15の**スロットル・レバー**を見ていきましょう。左コンソールに配置された2本のスロットル・レバーは、左右のエンジンの出力を個別に制御可能なほか、レーダーの操作や兵装モードの切り換え、無線通信、スピードブレーキの操作などに関するスイッチ類が配置されています。スロットルは左手で操作し、それぞれの指先部分には複数のスイッチが配置されています。

　まず右側面には4個のスイッチが配置されており、すべて親指で操作しますが、それぞれの形状を変えることで混同（誤操作）を防ぐよう配慮されています。いちばん上には「**マイク・スイッチ**」が配置されており、前方に押すことでUHF無線機（#1）の送信が可能となるほか、後方に引くことでUHF無線機（#2）の送信が可能となり、2台の無線機を使い分けることができます。

　その下には「**スピードブレーキ・スイッチ**」が配置されており、中立位置から前方に倒して収納、後方に倒して展張できます。なお、最下方には「**兵器選択スイッチ**」が配置されており、前方からMRM[*1]（中射程ミサイル）、SRM[*2]（短射程ミサイル）、GUN（20mm機関砲）の3種類のウエポンが選択できます。

　右スロットルの前方右側には「**IFF**[*3]**質問ボタン**」が配置されており、ターゲットの彼我（敵味方）を識別する際に人差し指で手前に引いて、敵味方識別装置の質問電波を発信します。その左隣には「**目標指定ノブ（TDC**[*4]**）**」が配置されており、中指で上下・左右に動かすことでロックオン（追尾）したいターゲットをディスプレイ上で指定して、さらに手前に引くことによりロックオン指

令がだされます。

　左スロットルの前方には「レティクル固定/ミサイル選択ボタン」が配置されており、薬指で手前に引くことにより、機関砲の照準環を基準線に固定したり、ミサイルの発射順序を変更することができます。左側面には「アンテナ高さ(迎角)操作ダイアル」が配置されており、小指で上下に動かしてレーダー・アンテナの角度(高さ)を調整します。またその下には「チャフ/フレア・スイッチ」が配置されており、上下に動かすことでチャフやフレアといった自己防御用の装備を射出できます。

※1 **MRM**：Medium Range Missile　　※2 **SRM**：Short Range Missile
※3 **IFF**：Identification Friend or Foe　　※4 **TDC**：Target Designator Control

スロットルの操作ボタン・スイッチ類

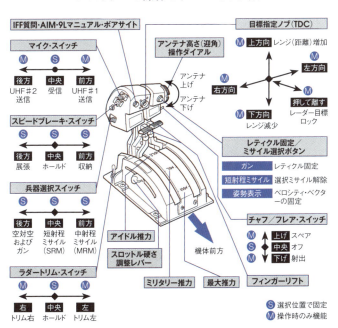

Column 03

Science of a Dogfight

戦闘機搭載用レーダーの進化

　戦闘機の機首には火器管制レーダーが搭載されています。これは戦闘機のミッションにとって重要な、前方に存在する航空機の捜索や追尾、ミサイルの誘導などに不可欠な装備です。

　レーダー（RADAR）はRadio Detecting and Ranging（無線探知測距）の略語で、対象物に向けて発信した電磁波の反射波が戻るまでの時間や到来方向を測定することにより、対象物までの距離や方向を探知する装置です。

　航空機に対するレーダーの搭載は第二次世界大戦から始まりました。敵機の捜索が目的でしたが、技術的にはまだ十分ではなく、正確な位置まで把握することはできませんでした。

　戦後になると、機関砲射撃で正確に照準するために必要な測距レーダーが装備されるようになりました。これは前方の目標との距離を測定するだけのシンプルなレーダーでした。

　のちにアンテナを上下左右に動かして目標の距離や方位、そして高度が探知できる３次元レーダーが開発されると、それまでの目視主体の戦術から、レーダーを使用した目視距離外での戦闘を視野に入れた新しい戦術が採り入れられるようになりました。その後、レーダーは目標の捜索・追尾だけではなく、空対空ミサイルの誘導や地形判読など、日々進化を遂げてきました。

　現在は上下左右に可動する機械式のアンテナではなく、平面上に配列された多数の小さなアンテナ素子から放射される電波の位相を制御することで電子的に走査する、アクティブ・フェイズド・アレイ・レーダーも登場しています。

第4章
戦闘機の戦い方

第一次世界大戦以降、戦闘機は実戦に投入されて世界の各地で激しいドッグファイトを繰り広げてきました。第4章ではドッグファイトの歴史や、実戦で使われてきた各種の戦術、そして具体的な戦い方などを流れに沿って解説します。

写真/米空軍

第一次世界大戦の空中戦

—ドッグファイトの歴史 ❶

1903年にライト兄弟が人類初の動力飛行に成功してから、わずか10年ほどの1914年に勃発した第一次世界大戦では、戦車と並ぶ新兵器として早くも航空機が投入されました。

当初は偵察がおもな任務でしたが、やがて上空で敵の機体とひんぱんにでくわすようになると、さすがに黙って見過ごすわけにはいかず、相手を撃墜する必要性が生まれてきました。

当初は拳銃で撃ち合ったり、相手に向けてレンガを落とすなど、いまから見れば少々滑稽ともいえる手段による攻撃方法でしたが、機関銃の発達・軽量化により機体に銃架を据えつけられるようになると、いよいよ本格的な戦闘が始まりました。

初期の命中率は決してよくありませんでしたが、のちにパイロット真正面の機軸方向に搭載可能なプロペラ同調式の機関銃が装備されると、**照準の精度は飛躍的に向上**しました。この方式による射撃では、敵機を常に正面に捉え続ける必要性があるため、互いに相手の後方へ回り込もうとして、激しい旋回戦が行われるようになりました。ここに空中戦（ドッグファイト）の原型が誕生することになります。

当時は旋回性能が重視されていたため、低速で小回りが利く複葉の戦闘機が各国で開発されました。速度が遅く旋回半径が小さいこともあり、ときには狭い空域に敵味方合わせて10機以上が入り乱れるような激しい戦いが行われることも少なくなく、技量にすぐれたパイロットたちは5機以上の撃墜を軽々と達成して、「**エース・パイロット**」の称号を手にしました。

第一次世界大戦に航空機が投入されたことにより、その設計・

第4章　戦闘機の戦い方

製造技術はわずか4年間で飛躍的に向上しました。機関銃の搭載だけでなく、当初は木製だった機体構造の一部に軽金属が採用されたり、空気の薄い高空でもパワーを確保できるスーパーチャージャー（過給機）の装備など、その進化のスピードは平時の15〜20年分に相当するともいわれています。

また、こうしたハードの面だけでなく、ドッグファイトの戦術の面でもめざましい進歩を遂げており、垂直系の機動を含めて現在使用されている各種機動の雛形は、この時代ですでに大半が確立されました。

第一次世界大戦で活躍したSPAD Ⅶ。フランスのスパッド社が開発し、高い旋回性能を誇った。機首に7.7mm機銃を1基搭載している
写真/
National Museum of the US Air Force

ドイツのフォッカー社が開発したFokker Dr.1。3枚翼が特徴。機首に7.9mm機関銃を2基搭載している
写真/
National Museum of the US Air Force

第二次世界大戦の空中戦 ❶

Science of a Dogfight
4-02

―ドッグファイトの歴史 ❷

　1939年9月のドイツ軍によるポーランド侵攻を契機に始まった第二次世界大戦において、速力と機動力にすぐれる航空機は大量に投入され、戦闘に欠かせない存在となりました。

　第一次世界大戦と比較して、各国が投入した航空機の機種や機数はともに膨大な数となり、大戦後期の米陸軍航空隊だけでも航空機の保有機数は63,000機以上だったといわれています。この大戦以降に生起した戦争において、これほどまでの規模の航空戦力が投入されたことは一度もなく、いかに大きな戦いだったかがわかります。

　大戦中の欧州戦線における航空戦で有名なのは、英国本土上陸作戦に際して制空権を奪取しようとするドイツ空軍と、それを阻止しようとする英国空軍との間で1940年7月から行われた「バトル・オブ・ブリテン」と呼ばれる戦いです。

　ドイツ空軍は第一次世界大戦における教訓を活かして、編隊長機と僚機との役割分担を明確にし、編隊で連携し合って戦う「ロッテ戦術」(128ページ参照)を導入して戦局を優位に進めました。しかしドイツ側の戦術をたくみに取り入れ、さらに地上に近代的な対空レーダー網を構築した英国側の努力が実を結び、ついにはドイツ軍の上陸作戦を断念させることに成功しました。

　この戦闘では双方とも多くの機体を失い、1941年5月の時点における戦闘機の損失数はドイツが873機、英国が1,023機に達しました。

　この当時に活躍した代表的な戦闘機は、ドイツのメッサーシュミットBf109や英国のスーパーマリン・スピットファイアなどで、

第4章 戦闘機の戦い方

大馬力のエンジンと軽くてがんじょうな全金属製の機体構造によりすぐれた性能を誇っていました。また装備されるウエポンも機関銃に加えて、命中時に炸裂して大きなダメージを与える砲弾が発射可能な「機関砲」も搭載されました。

米軍の本格的な参戦により、次第にドイツ軍は窮地に追い込まれました。しかし次々と独創的な兵器を開発し、大戦の末期には世界初のロケット戦闘機であるメッサーシュミットMe163Bやジェット戦闘機のMe262を実戦に投入しており、次なる時代を予感させました。

英国が第二次世界大戦に投入したスーパーマリン・スピットファイア。楕円翼が特徴。迎撃戦闘機として英国の空をドイツ空軍から守った
EPA=時事

ドイツが第二次世界大戦末期に開発したジェット戦闘機メッサーシュミットMe262。旋回性能よりも、圧倒的に有利な速度を活かす戦術で、多くの連合国軍爆撃機を撃墜した
写真/
National Museum of the US Air Force

Science of a Dogfight
4-03

第二次世界大戦の空中戦 ❷

―ドッグファイトの歴史 ❸

　一方で、1941年12月8日の日本軍による真珠湾攻撃とマレー上陸作戦に端を発する太平洋戦争において、日本陸軍と日本海軍の航空隊は、米国をはじめとする連合国軍と対峙することになりました。格闘戦を「巴戦」と呼んで重視する日本軍に対し、米軍は速力を活かした一撃離脱戦法(126ページ参照)を重視する傾向にあり、開発される機体の設計にもそうした思想が色濃く反映されました。

　日本陸軍は、開戦当初にドイツ軍のパイロットから編隊で連携して戦うロッテ戦術を伝授されており、日本海軍とともに普及に努めました。

　日本海軍が実施したロッテ戦術の一例として、最初に敵機より高い高度で待ち受けておいて、編隊長機が敵機の上方から攻撃を開始する一方で、僚機はそのまま高度を維持しながら援護するという戦法がありました。これはパワーに勝る米軍機は高度を上げて追撃を振り切ろうとするため、上方で僚機が睨みを利かせることにより、下方への回避を余儀なくさせる狙いがあります。そのあとは日本側が得意とする低空での旋回戦闘にもち込んで、撃墜するという流れでした。

　これに対して米海軍は、一撃離脱戦法に加えて「サッチ・ウィーブ」(132ページ参照)と呼ばれる編隊機動により対抗しました。この戦術はミッドウェー海戦において初めて投入され、格闘戦に強い零式艦上戦闘機(以下、ゼロ戦)に対してもその有効性が確認されました。その後は従来の一撃離脱戦法とサッチ・ウィーブの組み合わせにより、撃墜率(キルレシオ)が劇的に向上しました。

しかしながら戦闘の記録を検証すると、双方とも撃墜の多くは激しいドッグファイトによるものではなく、一撃離脱戦法による奇襲攻撃が多数を占めています。「敵よりも早期に相手を発見し、先制攻撃を加える」という、航空戦における基本セオリーの有効性はこの大戦でも実証されたわけですが、これはテクノロジーが発達した現代の戦闘においても変わりません。

なお、太平洋戦争で日本軍の戦闘機には、敵側の戦闘機だけでなく爆撃機の迎撃という重要な任務が与えられました。日本軍機の上昇限度に近い10,000mという高高度を飛行可能な米国のボーイングB-29スーパーフォートレスなどの爆撃機は、強力な自衛用の火器を装備していることもあり、その迎撃任務は熾烈をきわめました。

旧日本海軍の零式艦上戦闘機。大戦序盤は高い旋回性能と強力な20mm機関砲により巴戦で敵機を圧倒した
写真/National Museum of the US Air Force

米陸軍の「B-29」は、自己防御用の銃座を5カ所にもつ。錬度が低い兵士でも「見越し射撃」ができる火器管制装置を備え、強力な防御力を誇っていた
イラスト/National Museum of the US Air Force

Science of a Dogfight

4-04

朝鮮戦争の空中戦

—ドッグファイトの歴史 ❹

　第二次世界大戦が終了すると、米国を中心とする資本主義陣営とソ連を中心とする共産主義陣営は、世界各地で対立を深めるようになりました。そうしたなか、北緯38度線を挟んでソ連にあと押しされる朝鮮民主主義人民共和国（以下、北朝鮮）と、米国が支援する大韓民国（以下、韓国）の2つに分断された朝鮮半島において、1950年6月に朝鮮戦争が勃発しました。

　北朝鮮の侵攻を受けた韓国側には、国連派遣軍として米軍を中心に英国やオーストラリア、ベルギーなどが参加して支援したほか、一方の北朝鮮側には中国人民義勇軍などが加わり、双方合わせて19カ国が参戦しました。

　この朝鮮戦争では、航空戦史上初となるジェット戦闘機同士の空中戦が行われました。国連派遣軍は米国のロッキードF-80シューティングスターやリパブリックF-84Gサンダージェット、英国のグロスター・ミーティアなどを投入する一方で、北朝鮮側はソ連のMiG-15で対抗しました。

　後退角がついた主翼を採用し、すぐれた上昇力と加速性能を備えるMiG-15は、従来の直線翼のF-80やF-84Gなどを圧倒しましたが、米空軍はただちに後退翼を装備した新鋭機のノースアメリカンF-86Aセイバーを投入し、朝鮮半島の制空権を奪い返しました。

　約3年にわたる戦いのなかで、双方が機体の改良を重ねた結果、改良型のMiG-15bisとF-86Fとの戦いは、F-86Fに軍配が上がりました。これは機体の性能もさることながら、戦争の後半では優秀なソ連軍のパイロットに代わって中国軍のパイロットが多く参

戦したほか、経験が浅い北朝鮮のパイロットも戦闘に加わるようになったため、技量や練度の面で劣っていたことが大きな要因だといわれています。

当時F-86のMiG-15に対する撃墜率は10:1といわれ、その圧倒的な戦果から各国の空軍がF-86を採用しました。誕生間もないわが国の航空自衛隊においても、初めて装備する戦闘機としてF-86Fが米国から供与されるとともに、ライセンス権を取得して国内でも生産、配備されました。なお最新の研究では、実際の撃墜率は10:1ではなく1.8:1とされており、圧倒的な差はなかったといわれています。

北朝鮮軍のMiG-15。当初は直線翼で性能が劣るF-80やF-84Gを打ち負かした
写真/National Museum of the US Air Force

米空軍のF-86A。朝鮮戦争後半はMiG-15を圧倒した
写真/National Museum of the US Air Force

Science of a Dogfight
4-05

金門馬祖上空戦

—ドッグファイトの歴史 ❺

　1958年9月24日に台湾海峡の金門馬祖上空において、中華民国(以下、台湾)の蒋介石率いる国民党軍と中華人民共和国(以下、中国)の共産党軍との間で大規模な空中戦が勃発しました。

　当時、すでに米国やソ連ではマッハ2級の戦闘機が登場しており、国民党軍のF-86Fをはじめ共産党軍のMiG-15やMiG-17は最新鋭の機体とはいいがたい状況でした。

　しかし、この戦闘ではまた新たな展開が生まれました。

　F-86Fに対してMiG-17は上昇力や速度性能、機動性、そして武装などのあらゆる面ですぐれており、本来であれば共産党軍のMiG-15やMiG-17が有利な状況でしたが、国民党軍のF-86Fには、最新鋭のGAR-8(AIM-9B)サイドワインダー空対空ミサイルが装備されていました。

　通常の機関砲(ガン)同士による戦闘であれば、37mm機関砲1門と23mm機関砲2門を装備するMiG-17に対して、6門とはいえ12.7mm機関銃のみという、火力に劣るF-86Fとの勝敗の行方は容易に想像がつきます。しかし空対空ミサイルは、まだ後方象限だけながら攻撃可能な範囲が広く、さらに敵機を追尾可能なため、圧倒的なアドバンテージをもっていました。

　この日の空中戦において、国民党軍のF-86Fは1機が撃墜されたものの、10機以上のMiG-17を撃墜するという大きな戦果を挙げたほか、約1カ月にわたる戦闘をつうじて、合計30機以上の撃墜を記録したといわれています。これは航空戦史上において、空対空ミサイルによる初の撃墜例であり、きたるミサイル時代の到来を告げる戦いとなりました。

第4章 戦闘機の戦い方

31：1という圧倒的なスコアを記録した台湾空軍のF-86F　　　　　　写真/山本晋介

MiG-17は機体の性能面でF-86Fよりもすぐれていたが、F-86Fが装備する空対空ミサイルには
なすすべがなかった
写真/National Museum of the US Air Force

Science of a Dogfight
4-06

ベトナム戦争の空中戦 ❶

—ドッグファイトの歴史 ❻

　ベトナムの共産主義化を阻止するために、かつての宗主国であるフランスとそれを支援する米国が、政治介入によりベトナムを南北に分割して選挙による統一を目指しました。しかし共産主義勢力が支援する南ベトナム解放民族戦線は1960年12月、南ベトナム政府軍に対してついに武力攻撃を開始しました。

　こうして始まったベトナム戦争は、米国を盟主とする資本主義陣営とソ連を盟主とする共産主義陣営との対立を内包した、代理戦争の様相を呈していました。1965年2月から北ベトナムに対する米国の空爆（北爆）が開始されましたが、ボーイングB-52ストラトフォートレスなどの爆撃機を護衛する戦闘機と北ベトナム空軍の戦闘機との間で、ドッグファイトが行われました。

　米軍はセンチュリー・シリーズと呼ばれるノースアメリカンF-100スーパーセイバーや、リパブリックF-105サンダーチーフなどのほか、当時最新鋭のマクドネル・ダグラスF-4ファントムⅡなどを投入し、一方の北ベトナム空軍は、MiG-17やMiG-19、MiG-21などで対抗しました。

　当時、戦闘機同士の戦闘はドッグファイトの末の機関砲攻撃ではなく、遠方からのミサイル攻撃が主流になるだろうと考えられていました。こうした思想を反映して誕生したF-4ファントムⅡは、4発のAIM-7スパロー中射程ミサイルと4発のAIM-9サイドワインダー短射程ミサイルをおもな空対空兵装としており、従来の機関砲は装備されていませんでした。

　こうしたミサイル重視の思想は、現代の水準から見れば決して間違いではありませんが、1960年代においてはまだ時期尚早だ

ったといわざるを得ない状況でした。

　強大なパワーをもち運動性にすぐれたF-4は、比較的容易に相手の後方へ占位することができましたが、ミサイルの命中精度（10％程度）や信頼性が低かったため、絶好の位置を確保しておきながら撃墜できなかったケースが少なくありませんでした。

　また、誤って味方を攻撃してしまう「友軍相撃」を防止するため、当初は相手を目視で確認してから攻撃することが交戦規定（ROE※）により義務づけられていました。そのため、目視距離外から発射可能なAIM-7の長い射程を十分に活かせず、比較的旧式のMiG戦闘機を相手に予想外の苦戦を強いられることになりました。

　さらに北ベトナム軍は「ワゴン・ホイール」（134ページ参照）と呼ばれる囮戦術をたくみに駆使して米軍を翻弄したこともあり、朝鮮戦争当時に10:1以上といわれていた撃墜率も、このベトナム戦争の初期の段階では、ほぼ1:1にまで低下することになります。

※ **ROE**：Rules of Engagement

KC-135空中給油機と飛行する米空軍のF-4C。機関砲を装備していない同機は、想定外の苦戦を強いられた
写真/米空軍

Science of a Dogfight
4-07

ベトナム戦争の空中戦 ❷
─ドッグファイトの歴史 ❼

　ベトナム戦争の航空戦で思いがけない苦戦を強いられた米軍では、状況を打開すべくさまざまな対策が取られました。

　まず米空軍では相手の戦術を詳細に研究し、その戦術を模擬する「アグレッサー飛行隊」を設立し、より実戦的な訓練を実施します。米海軍でも同様に「トップガン」と呼ばれる選抜訓練コースを開設して、パイロットの技量向上を図りました。

　またF-4の胴体下に20mm機関砲を内蔵したガンポッドを追加搭載しましたが、通常の機内装備方式に比べて命中精度が低く、これは期待された戦果を挙げることができませんでした。

　その一方で効果的な対策のひとつに、敵味方識別装置（IFF）の装備化が挙げられます。これにより目標が敵か味方であるかを目視距離外で識別できますので、リスクの高いドッグファイトを避けて遠距離からのミサイル攻撃が可能となりました。

　こうした努力が実を結び、1972年5月から開始された「ラインバッカー作戦」では、開始から3日後の5月10日に開戦以来最多となる1日あたり11機のMiGを撃墜し、米海軍のF-4パイロットであるランダル・カニンガムとレーダーシステム士官のウィリアム・ドリスコルが通算5機の撃墜を達成して、ベトナム戦争における初のエース・パイロットとなりました。

　約10年におよぶベトナム戦争において、米軍は200機以上のMiGを撃墜していますが、そのほとんどがミサイルによるものでした。また反対に1,000機以上の戦闘機が戦闘中に失われましたが（事故などは除く）、その多くは地上に配置された地対空ミサイル（SAM[*1]）や対空火器（AAA[*2]）によるもので、対地攻撃を実

第4章 戦闘機の戦い方

施するパイロットだけでなく、戦闘機のパイロットにとっても地上からの攻撃は大きな脅威でした。

こうした地上の対空火器やレーダー網を制圧するため、電子妨害(ECM)装置や対レーダー・ミサイルなどを装備した「ワイルド・ウィーゼル」と呼ばれる専用機が登場し、敵防空網制圧(SEAD[※3])任務を実施しました。

ベトナム戦争では最新の兵器が投入され、遂行された数多くのミッションの成否により、現代の航空作戦の基礎が築き上げられました。また技術の進歩は作戦に大きな革新をもたらしました。その一例として、ベトナム戦争初期と後期で大きく変わった「戦爆連合(ストライク・パッケージ)」の編成内容が挙げられます。戦爆連合は重要な対地目標を攻撃する際に、爆撃機をはじめ援護や空中哨戒にあたる戦闘機、天候偵察機や爆撃効果判定用の偵察機、空中給油機、そして空中警戒管制機などから編成されます。開戦当初の1965年には約80機におよぶ大編隊のなかで爆撃機は30機近くを占めていました。しかし1973年になると、新型のレーザーや光学誘導方式のスマート爆弾を搭載した8機程度の爆撃機だけで、過去を上回る戦果を挙げています。

※1 **SAM**: Surface to Air Missile
※2 **AAA**: Anti Aircraft Artillery
※3 **SEAD**: Suppression of Enemy Air Defense

ワイルド・ウィーゼルの
F-4G
写真/米空軍

111

Science of a Dogfight
4-08

中東戦争の空中戦

—ドッグファイトの歴史 ❽

　1948年5月のイスラエルによる独立宣言以降、これに反対する周辺のアラブ諸国(エジプト、サウジアラビア、シリア、イラクなど)とイスラエルとの間で繰り返し戦闘が行われました。

　1967年6月5日のイスラエルの先制攻撃で始まった第三次中東戦争では、エジプトやシリア、イラク、ヨルダンの各空軍基地に攻撃が加えられ、緒戦でアラブ側は450機以上(空中戦による撃墜は79機)の軍用機が破壊されました。制空権を失ったアラブ諸国は地上戦でも敗北し、イスラエルはわずか6日間で勝利を手にしています。

　この「六日戦争」では、イスラエル空軍のミラージュⅢとアラブ側のMiG-17やMiG-21などとの間でドッグファイトが行われましたが、イスラエル空軍のパイロットはまだ完成度の低い空対空ミサイルよりも機関砲による接近戦を好み、その撃墜のほとんどが30mm機関砲によるものでした。

　このあとも「消耗戦争」と呼ばれる散発的な戦闘が1970年ごろまで続けられましたが、ユダヤ教徒にとって重要な贖罪日(ヨム・キプル)となる1973年10月6日に、エジプトがシリアとともに前の戦争での失地を回復すべく、イスラエルに先制攻撃を行い、第四次中東戦争の火蓋が切られました。

　当日は休日ということもあり、対応が遅れたイスラエル軍は大きなダメージを受けましたが、早くも10日後には反攻に転じ、開戦から17日目の10月22日にイスラエルは奇襲作戦により失った領地を奪回して、4回目の戦いもイスラエルの勝利で幕を閉じました。

第4章　戦闘機の戦い方

　第四次中東戦争では、ミラージュⅢを改良したクフィルやミラージュ5を国産化したネシェル、そしてF-4EファントムⅡなどを参戦させたイスラエル側に対し、アラブ側はMiG-19、MiG-21、スホーイSu-7、Su-20などの戦闘機で対抗しました。この戦闘では117回のドッグファイトが行われ、損失機はアラブ側の277機に対してイスラエルが6機と、撃墜率に換算して46:1という圧倒的な戦果は、イスラエル空軍の精強さを証明しています。

　なお、イスラエル空軍の全体的な損失数を見ると、空中戦では6機と少ないものの、地対空ミサイルや対空火器により約100機を失っており、ここでもSAMの脅威をうかがい知ることができます。

　第四次中東戦争以降、本格的な武力衝突は起きていませんが、その後も散発的な戦闘が行われ、現用のF-15やF-16などの新鋭機をいち早く投入したイスラエル空軍は、引き続き圧倒的な戦果を挙げています。

米海軍・海兵隊がイスラエルからリースしたクフィルは「F-21A」と呼ばれ、仮想敵機として運用された　　　　写真/米海軍

113

Science of a Dogfight
4-09

フォークランド紛争の空中戦

—ドッグファイトの歴史 ❾

　英軍が駐留するフォークランド諸島に対して、アルゼンチン軍が1982年4月2日に侵攻を開始したことにより、両国の間で領有権を巡って3カ月にわたる戦闘が行われました。このフォークランド紛争は、近代化された西側の軍隊同士による初めての戦闘ということもあり、世界の注目を集めました。

　英軍は本土から12,000kmも離れたフォークランド諸島における作戦を遂行するため、派遣部隊や機動艦隊が急ピッチで編成されました。艦隊の旗艦空母「ハーミーズ」ともう1隻の空母「インビンシブル」には、それぞれBAeシーハリアーFRS.1を装備する2個飛行隊が配備されました。

　初の実用垂直離着陸（V/STOL）機であるシーハリアーには、最新鋭のAIM-9L空対空ミサイルが装備されていました。このL型は、サイドワインダー・シリーズで初めて、前方から攻撃可能な「全方位攻撃能力」を獲得していました。

　紛争開始から1カ月後の5月1日に、アルゼンチン空軍の攻撃機IAIダガーによって英艦艇に対する初の航空攻撃が行われましたが、上空で警戒任務に就いていた英海軍のシーハリアーと、攻撃機を援護するために同行してきたダッソー・ミラージュⅢとの間で空中戦が行われました。その結果、まず2機のダガーと2機のミラージュが撃墜されました。

　その後も英海軍のハリアーは着実に勝利して、終戦までの72日間に24機のアルゼンチン空軍機を撃墜し、損失はゼロという輝かしい戦果を挙げました（ただし対空砲火や事故などで6機を喪失）。

これはAIM-9Lのすぐれた能力によるところが大きいほか、空中給油能力をもたないアルゼンチン側の戦闘機は、500km離れたフォークランド諸島まで進出して戦う必要があったため、戦域では10分程度しか活動できなかったことも影響しています。

　なお、この紛争では、アルゼンチン海軍のダッソー・シュペルエタンダール攻撃機が一躍その名を馳せました。同機は敵に侵攻を探知されないようにレーダーを使用せず、味方の哨戒機の誘導を受けながら海上15mという超低高度で英艦艇に接近して、AM39エグゾセ空対艦ミサイルを発射しました。戦闘を通じて発射された4発のうち2発が命中して、2隻の撃沈に成功しましたが、これは実戦における空対艦ミサイルの初の戦果となりました。また、通常の爆弾を搭載したダグラスA-4スカイホークも2隻を撃沈し、英海軍はわずか4日間で4隻の大型艦船を失ってしまいました。

　しかし英軍は地上戦で勝利して、6月20日に英国政府による停戦宣言がだされました。

アルゼンチン海軍のシュペルエタンダール　　　　写真/米海軍

Science of a Dogfight
4-10

湾岸戦争以降の空中戦
―ドッグファイトの歴史 ❿

　1991年1月17日、クウェートに侵攻したイラク軍に対して米国を中心とする多国籍軍が国連決議にもとづき「デザートストーム（砂漠の嵐）」作戦を開始しました。

　多国籍軍による攻撃により、多数のレーダーや地対空ミサイル、迎撃戦闘機などを配備し、世界でも有数の能力をもつといわれたイラクのKARI（カリ）防空システムは、開戦からわずか3日で能力が10分の1にまで低下し、やがて完全に機能が停止しました。

　防空網制圧後は、地上軍やイラク本土の戦略目標に対する攻撃が行われましたが、誘導爆弾による「ピンポイント爆撃」は効率的に目標を破壊し、次々と建物や車両が破壊されていくターゲティング・ポッドからの映像は、世界中に広く配信されました。また、F-117ステルス攻撃機の参戦は、当時大きな話題になるとともに、新時代の航空戦の到来を告げました。

　この湾岸戦争における航空戦では、ボーイングE-3セントリー空中警戒管制機（AWACS）などによる指揮／管制／通信／情報の統制が本格的に行われ、敵機に関する情報を早期に入手して戦闘を優位に進めた多国籍軍の戦闘機は、停戦の2月27日までの1カ月あまりで40機以上のイラク軍機を撃墜しました。このうち37機が米空軍のマグドネル・ダグラスF-15Cイーグルによって撃墜されていますが、戦闘は目視距離外（BVR）による中距離戦が主体で、ドッグファイトはほとんど行われていません。中射程のAIM-7Fスパローによる撃墜が全体の6割強を占めていることが、これを裏づけています。

　一方で多国籍軍側の損失は、イラク空軍のMiG-25によって撃

墜された米海軍のマグドネル・ダグラスF/A-18ホーネット1機のみでした。なお、めずらしい事例として、米空軍のF-15Eストライクイーグルが、誘導爆弾によりホバリング中のヘリコプターを撃墜しています。

湾岸戦争以降、大規模な戦争は行われていませんが、1999年3月末にコソボの自治権を巡ってユーゴスラビアで起きたコソボ紛争では、多国籍軍として参戦した米空軍のF-15Cがユーゴスラビア軍のMiG-29を4機撃墜したほか、オランダ空軍のF-16AがMiG-29を1機撃墜しています。これらの戦果はすべてAIM-120 AMRAAMによるものです。

中／長射程の空対空ミサイルの進化や、戦域の高度な状況判断が可能になった現代の航空戦においては、以前のような激しいドッグファイトによる撃墜はほとんど見られなくなってきています。

コソボ紛争で撃墜されたMiG-29　　　　　　　　　　写真／米国防総省

Science of a Dogfight
4-11

航空（防空）作戦の一連の流れ

─発見→識別→要撃→撃破

　航空作戦において戦闘機は、敵の航空勢力を撃破して航空優勢（制空権）を確保することで、味方の部隊が実施するさまざまな作戦を支援するほか、敵の侵攻の企図を阻止するために重要な役割をはたします。

　航空作戦の内訳は、航空優勢の確保をはじめ、本土・拠点防空や、戦略爆撃、航空支援、陸上支援、海上支援など実に広い範囲におよんでいます。たとえばわが国の場合は、周囲を海に囲まれた島国であることから、武力による攻撃を受ける際は、まず最初に航空機やミサイルによる急襲的な航空攻撃が行われ、そのあとは海上部隊による侵攻作戦とともに航空攻撃が反復して実施されることが予想されており、防空作戦の成否はきわめて重要な課題となっています。

　防空作戦の特徴としては、侵攻側が攻撃の時期や地域、手段などを任意に選択できる一方で、みずからは受身にならざるをえないことや、初期の対応の良否がその後の作戦全般に対して大きな影響を与えることなどが挙げられます。

　わが国の周りには防空識別圏（ADIZ※）が設定されており、全国の28カ所に配置された地上のレーダーサイトや空中警戒管制機（AWACS）などで構成された警戒管制網によって、ADIZ内を飛行するすべての航空機の監視や彼我（敵味方）を識別しています。

　国籍不明機がADIZ内に侵入した場合は、ただちに最寄りの戦闘機部隊にスクランブル発進が下令され、待機に就いている戦闘機が5分以内に離陸します。当該機の情報はデータリンクによって伝えられ、最短経路で要撃（会敵）することが可能です。

警戒管制組織や戦闘機が装備している敵味方識別装置などによって当該機が敵機だと判断されれば、有事においてはただちに攻撃に移行しますが、平時であれば当該機に接近して、パイロットの目視により国籍や機種などを識別します。もし他国の機体であれば領空を侵犯されないように行動を監視し、必要に応じて無線や機体信号などで警告を与えます。このように防空作戦は、発見→識別→要撃→撃破という一連の流れで実施されています。

なお、戦闘機だけでなく地上の防空ミサイル部隊も敵の航空機の侵攻を防いでいます。

※ **ADIZ**：Air Defense Identification Zone

防空作戦の例

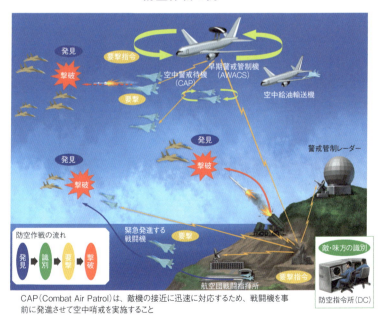

CAP（Combat Air Patrol）は、敵機の接近に迅速に対応するため、戦闘機を事前に発進させて空中哨戒を実施すること

Science of a Dogfight
4-12

❶敵機の発見・識別

―敵味方識別装置(IFF)で識別

空対空戦闘においては、いかに初期の段階で敵機の勢力(機種や機数)やその位置などを正確に把握できるかどうかが重要となります。そのためには地上のレーダーサイトやAWACS機などからの情報に加えて、機首に装備された火器管制レーダーを最大限に活用して敵機を捜索する必要があります。

なお、戦闘機に搭載されているレーダーは、地上のレーダーなどとは異なり、機体の全周ではなく前方(100〜120度の範囲)のみの捜索にかぎられています。

最新の機体では、みずから電波をだすことなく敵機を探知可能なレーダー警戒装置(RWR[*1])や赤外線捜索追尾装置(IRST[*2])などを装備しているほか、戦闘機用データリンク(FDL[*3])により防空管制網や友軍機との相互間の情報共有が可能となっており、戦闘空域の状況判断能力は飛躍的に向上しています。

先に述べたように、レーダーなどによって目標を発見したあとは、その目標が敵機であるのかどうかを識別する必要があります。特に空対空ミサイルの登場により、相手を目視で識別できない遠方からの攻撃が可能になったことで、友軍相撃が数多く発生しているため、彼我を正確に識別することはきわめて重要です。

識別についてはさまざまな方法がありますが、敵味方識別装置(IFF)による識別が一般的です。1940年代に開発がスタートしたこの装置の原理は、こちらから発信した質問電波に対して、相手機が適正な応答電波を返信できるかどうかを評価するというもので、現在でもこの基本原理は変わっていません。

質問・応答電波はパルス・コード化されており、ごく初期のモー

ド1で設定可能な固有識別番号は"01"から"77"までの64通り（8進法）でしたが、現在では"0001"から"7777"までの4096通り（8進法）が返信可能なモード3に進化しており、民間機にも応答装置（トランスポンダー）が搭載されています。軍用機の世界では、高度に暗号化された情報のやり取りにより識別の精度をさらに高めた特殊なモードが運用されています。

※1 **RWR**：Radar Warning Receiver
※2 **IRST**：Infra-Red Search and Track
※3 **FDL**：Fighter Data Link

レーダーとIRSTによる捜索

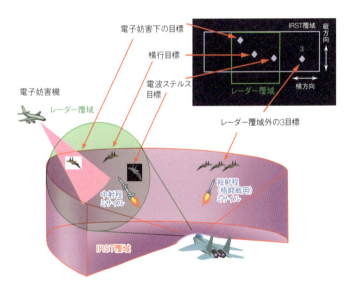

IRST（赤外線捜索追尾装置）を従来のレーダー捜索と併用することにより、レーダーでは探知が困難な電子妨害下の目標機をはじめ、自機に対する相対速度が小さい横行目標、電波ステルス目標の追尾が可能となる。また、横方向の捜索範囲が広いため、レーダー覆域外の目標を探知・追尾することができる

❷戦闘（要撃）開始

—まずは中射程ミサイルによる攻撃から

　発見した目標が敵機だと識別された場合、各機はただちに戦闘を開始します。敵機が複数存在する場合は、警戒管制組織からの指示や編隊内で分担して、指向する目標を設定します。

　まず最初に目標を自機のレーダーでロックオン（追尾）して、敵機の方位や距離、高度、速度、針路などの情報を取得します。次に火器管制装置（FCS）のモードを「中射程ミサイル（MRM）」に設定し、レーダー・ディスプレイやヘッド・アップ・ディスプレイの情報を参照しながら目標に向けて飛行します。

　通常はMRMの最大射程内に入った時点でミサイルを発射しますが、まだこの段階では敵機を目視することはできません。

　この際にレーダー警戒装置により敵機からロックオンを受けていることが判明した場合は、敵機からも同様にミサイル攻撃を受ける可能性があるため、旋回して回避します。

　自機の発射したミサイルがセミアクティブ誘導方式の場合は、ロックオンを継続して誘導電波を照射し続ける必要があるため、旋回可能な方位はレーダーの追尾限界付近の角度（左右の各60度程度）に限定されます。

　発射したミサイルが撃ちっ放し可能なアクティブ誘導方式の場合は、敵機の進行方向に対して針路が直角（90度）となるようなビーム機動（横行）を実施することにより、敵機に対する接近速度を極小にして、敵機やミサイルのレーダーに映りにくくするようにします。また回避機動を実施する際にチャフやECM装置も併用すれば、さらに効果的です。

　最初の攻撃の結果、敵機を撃墜できれば、その時点で戦闘は

いったん終了しますが、敵機も同様の回避機動を実施している可能性が高いため、もし敵機を撃墜できなかった場合は、ふたたび敵機に指向して、僚機と連携しながら極力有利な態勢で会敵できるように計画します。

敵機との距離が接近してきたら、目視距離外（BVR）の戦闘から目視距離内（WVR※）の戦闘に移行するため、FCSのモードを「短射程ミサイル（SRM）」に設定して敵機の目視発見に努めるほか、SRMの最大射程内に入った時点でまずミサイルを1発発射して格闘戦に備えます。

※ **WVR**：Within Visual Range

目視距離外における戦闘の概要

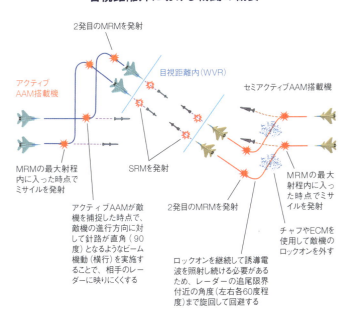

Science of a Dogfight
4-14

❸会敵
—自機と敵機の性能差を見きわめる

　敵機に向けて接近を継続した場合、相手側は離脱を決心しないかぎりはこちらに向けて対抗してくるため、基本的に互いに等位な状態で会敵（マージ）することになります。

　編隊行動が基本となる現代では、互いに1機だけで交戦するような状況はほとんどなく、通常は複数機同士による戦闘となります。原則的に僚機とともに2機で敵機を挟み込むように機動しますが（140ページ参照）、指向した敵機の後方に回り込むためのテクニックは、あくまでも1対1による戦闘機動が基本となります。

　1対1の等位な状況からの機動において重要なのは、敵機に対してやや早いタイミングで最大Gによる旋回（リード・ターン）を実施することです。ただあまりにも過早に旋回を開始すると、相手の前方に飛びだして敵にアドバンテージを与えてしまうため、注意する必要があります。

　基本的には敵機の後方に回り込むように旋回しますが、敵機の性能や機体特性によって臨機応変に旋回方向を選択します。もし会敵時に敵機の旋回性能が自機より劣っていると判断した場合は、敵機と同じ方向に旋回を実施して、相手の旋回面の内側で旋回を切り返して後方に占位する1サークル・ファイトを計画します。必要であれば、旋回中にヨーヨー機動を実施して旋回半径を減ずるようにします。反対に敵機の旋回性能が自機と同等か、あるいは不明だと判断した場合は、敵と反対側の方向に旋回を実施して、相手の後方に回り込むように機動する2サークル・ファイトを計画します。当初は相手より少しでも優位になるよう最大Gで旋回しますが、ここでエネルギーを大きく失わない

ように注意する必要があります。コーナー・ベロシティ付近の速度域を維持するようにうまく機動できれば、360度旋回してふたたびマージする際にアドバンテージが得られる可能性が高くなります。

1サークル・ファイトの例

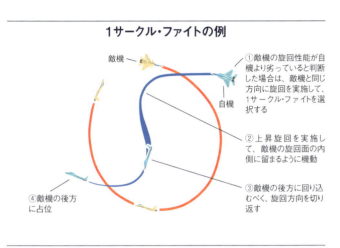

2サークル・ファイトの例

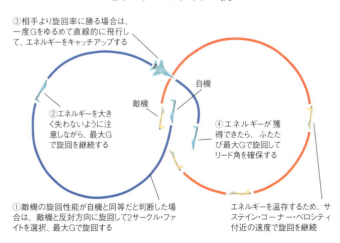

Science of a Dogfight
4-15

一撃離脱戦法

―優位性を武器にした戦術

　第二次世界大戦中にドイツ空軍が多用して戦果を挙げた**一撃離脱戦法**は、英文で「Dive and Zoom」と表記されるように、敵機より高い優位な位置から一気に急降下して攻撃を加えた直後に、そのまま上方へ離脱するという**奇襲戦法**です。

　これは高度エネルギーの優位性を急降下によって最大限に活用することにより、通常の水平飛行では容易に到達できない速度域まで加速して迅速な攻撃が実施できるほか、そのままリスクの高い戦域に留まることなく、ただちに上昇して速度エネルギーを高度に変換することで再攻撃の体勢を整えることが可能な、効率のよい戦術です。

　特に警戒の薄い最後尾の機体を狙うことで、敵に気づかれる可能性が低くなるため、一度ならず複数回の攻撃を波状的に加えられます。またドイツ空軍が考案した、2機が1組となって編隊行動する**ロッテ戦術**を適用して、反撃を警戒しつつ交互に実施することで、攻撃の効果をさらに高められます。

　一撃離脱戦法を成功させるためには、あらかじめ敵機よりも上空に占位しておき、相手に存在を知られないことが重要になります。そのためには雲に隠れて接近したり、太陽を背にして相手から逆光となる方向から攻撃するなど、**天象や気象を活用する配慮**が必要です。

　第二次世界大戦では、それまでの流れを受けて各国とも格闘戦を重視する傾向が強かったのですが、ドイツ空軍では一撃離脱戦法の有用性に早くから着目しており、ダイブ（急降下）性能や速度性能、そして機体強度を重視したBf109などの戦闘機を開発し

ました。Bf109はそれまでの戦闘機に比べて翼厚が薄い主翼を採用しており、一撃離脱戦法に適した機体でした。なお、当時の日本陸軍や海軍でも、格闘戦（巴戦）を重視する一方で一撃離脱戦法を採り入れて戦果を挙げています。

現在ではレーダーをはじめとする探知技術の向上により、こうした奇襲戦法は実施しにくくなっていますが、高度な電子妨害能力やステルス性能などが一般化すれば、ふたたび有用性が見直されることになるでしょう。

一撃離脱戦法

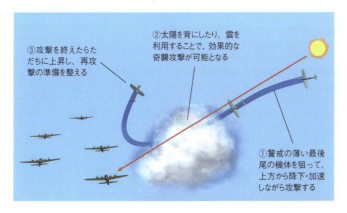

①警戒の薄い最後尾の機体を狙って、上方から降下・加速しながら攻撃する
②太陽を背にしたり、雲を利用することで、効果的な奇襲攻撃が可能となる
③攻撃を終えたらただちに上昇し、再攻撃の準備を整える

ドイツ空軍のメッサーシュミットBf109G-10
写真/National Museum of the US Air Force

Science of a Dogfight

4-16

ロッテ戦術

―相互連携を基本とした戦術 ❶

　第二次世界大戦中にドイツ空軍が確立したロッテ戦術は、それまでの主流だった単機同士による一騎打ちではなく、フォーメーション（編隊）を組んだ2機の戦闘機が互いに連携を取りながら戦うという戦術であり、今日の相互連携を基本とした戦術の礎ともいえる概念です。

　ロッテ戦術の基本的な概念は、編隊長機（リーダー）と僚機（ウイングマン）の2機が1組の編隊として相互に協力して戦うことで、リスクの高い単機同士の戦闘を避けるだけでなく、敵機を効率的に撃墜することを目指しています。

　原則的に僚機は編隊長機の指示に常に従いますが、必要に応じて長機に助言を与えます。また1機が追尾・攻撃を実施している間は、もう1機が周囲を警戒し援護に回ることで、攻撃を担当するパイロットが攻撃に専念できるという大きなメリットがあります。

　この戦術は、1938年のスペイン内戦に参戦したドイツ空軍の撃墜王ヴェルナー・メルダースが実戦での経験をもとに考案したもので、さらに2個の編隊（ロッテ）の4機が連携を取って戦う「シュヴァルム戦術」（130ページ参照）へ発展しました。

　ロッテ戦術はその有用性から、ドイツ空軍と戦った相手国においても採用されるケースが多く、米軍では「エシュロン（梯形*）」の名称で導入されたほか、バトル・オブ・ブリテン（100ページ参照）でドイツ空軍と壮絶な航空戦を繰り広げた英空軍でも、ロッテ戦術のみならずシュヴァルム戦術も採用されています。

　また日本の陸軍でも、1941年に駐在武官を務めていたドイツ

128　　※台形の旧称

人パイロットにより、ロッテ戦術やシュヴァルム戦術が伝授されています。日本陸軍では2機編成のロッテを「分隊」、4機編成のシュヴァルムを「小隊」と呼称し、各飛行戦隊にこの戦術を普及させた結果、一定の戦果を挙げることに成功しています。

ロッテ戦術における基本隊形

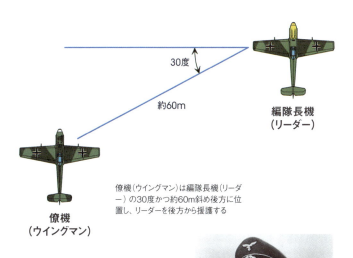

僚機（ウイングマン）は編隊長機（リーダー）の30度かつ約60m斜め後方に位置し、リーダーを後方から援護する

ロッテ戦術の考案者である、ドイツ空軍のヴェルナー・メルダース
写真/ドイツ連邦公文書館

Science of a Dogfight
4-17

シュヴァルム戦術
─相互連携を基本とした戦術 ❷

　ドイツ空軍の撃墜王であるメルダースは、ロッテ戦術をさらに発展させて、2組のロッテ（分隊）による4機で編成された小隊によって戦うシュヴァルム戦術を生みだしました。

　この編隊戦闘を基本とした戦術は、第二次世界大戦におけるドイツ空軍の基本戦術として活用され、戦果を挙げました。

　このシュヴァルム戦法の基本概念は、現在においてもすぐれた戦術・隊形との評価が高く、各国の軍隊が独自の改良を加えながら今日に至るまで使用しています。

　ロッテ戦術が登場する以前の戦闘機の編隊構成は、3機編成（ケッテ）が主流でしたが、編隊長が2機の僚機を統率して戦闘するのは困難なうえに効率もそれほどよくないことから、ロッテ戦術に見られるような2機を最小単位として、その倍数で編隊を構成するスタイルに移行していきました。

　シュヴァルム戦術では、ディビジョン・リーダー（小隊長）が自身の僚機に加えて、セクション・リーダー（分隊長）が指揮する第2編隊を統率して、攻撃や防御を効率的に実施します。

　英空軍はバトル・オブ・ブリテンにおいて、3機による「ヴィック」と呼ばれるV字隊形でドイツ空軍と対峙しましたが、この隊形は各機が密集しているため、僚機が隊形の維持や編隊内での接触防止に気を取られるあまり、肝心の周囲の警戒や相互支援が疎かになってしまうという大きな問題がありました。

　そのため、英空軍でもシュヴァルム戦術を「フィンガー・フォー」として導入しました。この名称は隊形が親指を除いた4本の指の形に似ていることから名づけられています。

シュヴァルム戦術における基本隊形

シュヴァルム戦術での旋回要領

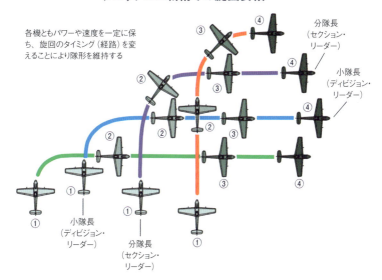

各機ともパワーや速度を一定に保ち、旋回のタイミング(経路)を変えることにより隊形を維持する

Science of a Dogfight
4-18

サッチ・ウィーブ

―相互連携を基本とした戦術 ❸

サッチ・ウィーブは、第二次世界大戦中に米海軍のジョン・S・サッチ少佐が考案した、2機による相互連携を基本とした戦術です。格闘戦に強い日本海軍の零式艦上戦闘機に対する戦闘に有効であることから、米海軍の標準的な戦術として採用されました。

考案者のサッチ自身は、当初この戦法を「ビーム・ディフェンス・ポジション」と呼んでいましたが、2機が交差する様子が「機織り（ウィーブ）」で糸を織る動きに似ていることから、のちに「サッチ・ウィーブ（サッチの機織り）」という名称で呼ばれるようになりました。

リーダーとウイングマンの2機が編隊を組んで行動する「ロッテ（エシュロン）戦術」においては、通常は経験豊富なリーダーが攻撃を担当して、ウイングマンが援護に回るケースが多く見られます。しかし実際に戦闘に突入すると、技量に勝るリーダーの動きにウイングマンが追随できず、結果的にリーダーと敵機との1対1の格闘戦になってしまうため、せっかくの連携戦術のメリットが活かされないという問題点が指摘されていました。

そこで双方の役割分担を固定化せず、状況に応じてパターン化された機動要領を事前に徹底しておくことにより、たとえ背後から敵機に追尾された場合でも、互いの方向に旋回して挟み込むことで効果的に防御・反撃できるように改善したのが、このサッチ・ウィーブ戦術です。

サッチ・ウィーブは、横に間隔を開いた隊形で飛行する2機の編隊に対して、敵機が後方から攻撃を仕掛けてきた場合に、それぞれ互いの方向（内側）に旋回を開始することにより、追尾を

受けている味方機の後方から迫ってくる敵機を、もう1機が正面から攻撃するという戦法です。交差した直後に旋回方向を切り返すことにより、援護にあたっている機体はふたたび正面から攻撃するチャンスが得られます。

この戦術を導入したところ、撃墜率（キルレシオ）が劇的に向上したため、あえて敵機に背後を取らせるように仕向けておいて返り討ちにする囮戦法としても使われました。

サッチ・ウィーブの機動要領

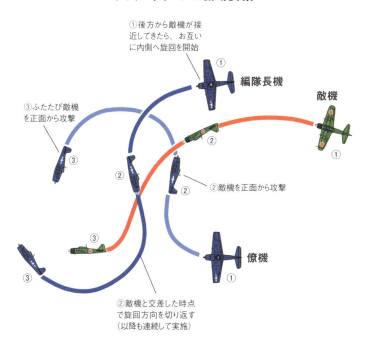

①後方から敵機が接近してきたら、お互いに内側へ旋回を開始

③ふたたび敵機を正面から攻撃

編隊長機

敵機

②敵機を正面から攻撃

僚機

②敵機と交差した時点で旋回方向を切り返す（以降も連続して実施）

Science of a Dogfight
4-19

ワゴン・ホイール

―相互連携を基本とした戦術 ❹

　ベトナム戦争当時、航空機の性能面で劣る北ベトナム空軍が米軍に対して使用して戦果を挙げた戦術が、ワゴン・ホイールです。これは複数の戦闘機が相互に連携を取りながら、巨大な円の軌道上を一定間隔で周回しながら飛行することで、各機が常に後続機から援護を受けられるというメリットがあります。上方から見た様子が「回転する荷馬車の車輪」に似ていることから、この名称がつけられています。

　ワゴン・ホイール戦術は、敵機が味方の1機に対して攻撃のために後方へ占位した際に、その後方を飛行する味方機が絶好の位置から反撃することが可能な囮戦術の一種です。各機が囮役にも攻撃役にもなりうるのがこの戦術の強みです。

　この戦術を用いることにより、通常のような激しい旋回を実施しなくても敵機の後方に占位できるので、当時の北ベトナム軍のMiG-17フレスコやMiG-19ファーマー、MiG-21フィッシュベッドといった旧式機が、米軍のF-4ファントムⅡなどの高性能機を相手に勝利しています。

　この戦術を実施するうえで重要なのは、敵機にワゴン・ホイールを実施していることを悟られないことで、雲などをうまく利用して、相手に後続機がいないように見せかける必要があります。

　一方で相手がワゴン・ホイール戦術を実施していることが判明した場合は、極力後方からの追尾は避けるようにして、上方や旋回の外側からの一撃離脱戦法などにより対抗します。

　レーダーやミサイルが発達した現代においては、もはや有効な戦術とはいえませんが、当時は画期的な戦術のひとつでした。

第4章　戦闘機の戦い方

ワゴン・ホイールの機動要領

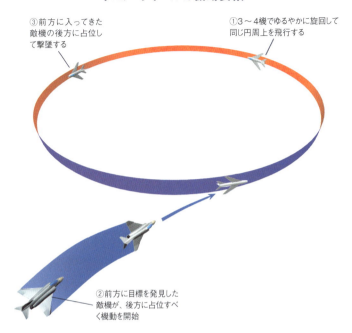

③前方に入ってきた敵機の後方に占位して撃墜する

①3～4機でゆるやかに旋回して同じ円周上を飛行する

②前方に目標を発見した敵機が、後方に占位すべく機動を開始

北ベトナム軍のMiG-19S。F-4ファントムに劣る性能を戦術でカバーした
写真/National Museum of the US Air Force

135

Science of a Dogfight
4-20

フルード・フォー

―相互連携を基本とした戦術 ❺

　第二次世界大戦以降は、ジェット戦闘機や空対空ミサイルなどの登場により、兵器発射可能領域（WEZ）が飛躍的に拡大されたため、遠方から攻撃を受ける危険性が高くなってきました。

　この拡大した警戒範囲を相互にカバーするため、従来より間隔を大きく開いた戦闘隊形が採用されるようになりました。

　フルード・フォーは、第1編隊と第2編隊が1マイル（1.85km）以上離れたフォーメーションで、戦闘哨戒などの任務に適した隊形です。この名称は、旋回の際に4機がエネルギーを維持したまま3次元空間を流れるように機動（交差）する様子を「流体」にたとえて名づけられたものです。

　フルード・フォーでは、僚機（ウイングマン）が各編隊長機から見て10～30度後方のライン上の約1,500フィート（460m）離れたポジションに位置するほか、第2編隊は第1編隊長機から見て0～10度後方の1～1.5マイル（1.85～2.78km）離れた位置を維持します。なお、各機はそれぞれ1,000～3,000フィート（300～900m）の高度差を維持して飛行することで、旋回機動中の垂直間隔を確保します。これにより、**特に脆弱な後方象限の警戒が容易となる**ほか、敵機から攻撃を受けた際にも、**すぐに味方の援護に回ることができる**などさまざまなメリットがあります。

　フルード・フォー隊形での旋回要領は、従来のシュヴァルム（フィンガー・フォー）と同様に、第1編隊長機を基準として各機がエンジンのパワーを一定にして、飛行経路により隊形の維持を行うほか、高度と速度間でのエネルギー変換も積極的に活用します。これにより僚機の不必要な燃料の消耗を防ぐことができます。

フルード・フォー戦術における基本隊形

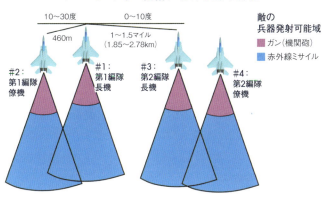

フルード・フォー隊形による旋回要領

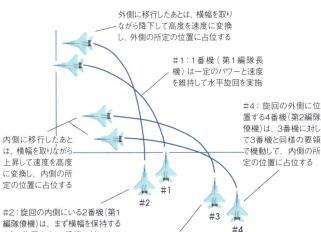

外側に移行したあとは、横幅を取りながら降下して高度を速度に変換し、外側の所定の位置に占位する

#1：1番機（第1編隊長機）は一定のパワーと速度を維持して水平旋回を実施

#4：旋回の外側に位置する4番機（第2編隊僚機）は、3番機に対して3番機と同様の要領で機動して、内側の所定の位置に占位する

内側に移行したあとは、横幅を取りながら上昇して速度を高度に変換し、内側の所定の位置に占位する

#2：旋回の内側にいる2番機（第1編隊僚機）は、まず横幅を保持するように旋回する。1番機に対して10度後落したラインに近づいたら、以後は10度ラインに沿って1番機に接近する。1番機の前方にでそうな場合は、上昇して速度を高度に変換しながら1番機の直上を通過する

#3：旋回の外側に位置する3番機（第2編隊長機）は、まず横幅を保持するように旋回する。1番機に対して30度後落したラインに近づいたら、バンク角を深めて1番機に接近する。必要に応じて降下して、高度を速度に変換しながら、すみやかに旋回の内側に移行する

137

Science of a Dogfight
4-21

アブレスト ❶

―相互連携を基本とした戦術 ❻

　朝鮮戦争やベトナム戦争などでの実戦経験を経て、2機による編隊（エレメント）の相互連携をさらに強化すべく生みだされたのが、アブレスト隊形（戦術）です。

　従来のエシュロンをベースとした隊形では、僚機が後落した位置にいるため、後方から接近してくる敵機に狙われやすい傾向がありました。しかし互いがほぼ真横に並ぶアブレスト隊形ではこうした不安がないほか、1～1.5マイル（1.85～2.78km）の間隔を維持することにより、旋回機動中でも常に互いを視認し合いながら隊形の維持や周囲の警戒ができます。

　アブレスト隊形では、タック・ターンと呼ばれる数々の旋回テクニックにより45度や90度、そして180度変針した場合でも隊形の維持が可能です。

　なお180度旋回して反転する場合は、2機が同じ方向に旋回する「インプレイス（フック）・ターン」や、互いの方向に向けて内側に旋回する「クロス・ターン」などの種類があります。

　編隊長は旋回に関する指示（旋回の種類、方向、角度など）を無線によって伝えるほか、「攻撃」と「援護」の役割分担を決定したり、敵機に関する情報を編隊内で共有するなど、相互の連携を強化しながら敵と戦います。

　この戦術（隊形）の基本原則は、常に2機が連携を取りながら戦うことにあります。それぞれが単独行動を取ることなく、1機の敵に対して2機が協同して対処することで確実に敵機を撃破できるほか、たとえ不利な状況下でも互いに援護し合うことにより状況を打開することが可能になります。

アブレスト・フォーメーションにおける基本隊形

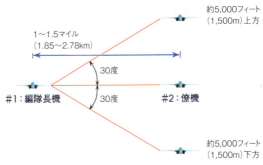

各種のタック・ターン

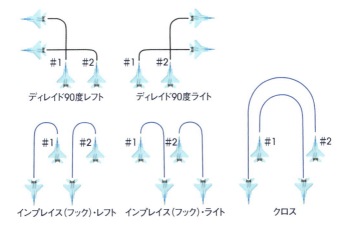

Science of a Dogfight
4-22

アブレスト ❷

―相互連携を基本とした戦術 ❼

　2機の戦闘機が横に間隔を広く取るアブレスト隊形は、周囲の警戒だけでなく攻撃や防御にも適しています。

　攻撃の際の基本原則は「常に2機で挟み込むように機動すること」で、相手に逃げる余地を与えないようにすることが重要となります。1機の敵機に対して攻撃を仕掛けるケースの一例をご紹介します（右図参照）。

① まず攻撃を担当する編隊長機（#1）が敵機の後方に占位して、追尾を開始します。

② 後方から接近する2機に気がついた敵機は左にブレイク・ターンして離脱を図ります。この際#1は、左方向への上昇旋回で追尾を継続する一方で、援護にあたる僚機（#2）は一度右側に開きながら降下・加速して、敵機を正面から挟み込むための旋回の余地を確保します。

③ #1は降下旋回で追尾を継続して、敵機にプレッシャーを与え続けます。#1の機動により左へのブレイクを余儀なくされている敵機は、次第にエネルギーを失っていきます。この時点で#1が撃墜できない場合は、#2が正面から攻撃を開始します。

　このように2機によって挟まれた敵機は、逃げ場を失ってしまうため、有効な反撃が実施できないままエネルギーを失って追い詰められてしまいます。

　なお、もし敵機が複数存在する場合は、味方を援護するために攻撃を担当する#1の後方に向けて機動してくるため、フリーな状態の#2は、#1が攻撃に専念できるよう、ほかの敵機を牽制するように機動します。

第4章 戦闘機の戦い方

アブレスト隊形による攻撃機動(2対1の場合)

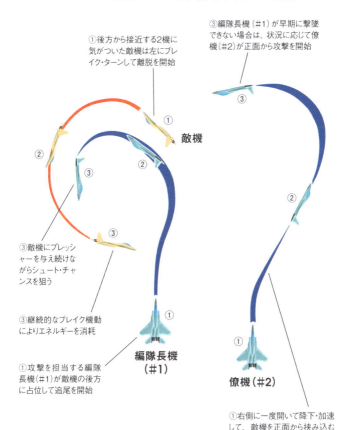

アブレスト ❸

―相互連携を基本とした戦術 ❽

アブレスト隊形による防御機動における基本原則は「常に2機で連携を取りながら対処すること」です。攻撃を仕掛けてきた敵機に対しては、それぞれ対抗役と援護役を臨機応変に定めて、フリーに動くことができる援護役が敵機の後方に回り込むように機動します。後方から1機の敵機による攻撃を受けた場合の防御機動の一例をご紹介します（右図参照）。

① 後方のやや左側から接近する敵機を発見した編隊長機（#1）は、ただちに左方向へのインプレイス・ターン（138ページ参照）を指示します。この場合敵機は、左の僚機（#2）のほうを追尾すると#1に背後を取られてしまいますので、#1に狙いを定めてきます。

② 対抗役の#1と敵機が旋回戦闘に突入します。#2は約120度旋回した時点で直線飛行に移行して、敵機を外側から挟み込むための余地をつくります。十分なエネルギーと距離を獲得したら、ただちに敵機の後方に向けて反転します。この一連の機動では、高度を適宜上下させてエネルギーをコントロールします。

③ #1が敵機に対してプレッシャーを与え続けることにより、敵機は高G旋回を余儀なくされるため、#2が後方に占位しやすくなります。もし敵機が#2に気がついて旋回方向を切り返した場合は、今度は#2が攻撃を担当して、フリーとなった#1が外側から挟み込むように機動します。

こうして2機が連携することにより、圧倒的に不利な状況においても反撃に転ずることが可能です。なお敵機が複数存在する場合は、攻撃時と同様にサポート側の機体がほかの敵機を牽制するように機動します。

アブレスト隊形による防御機動（2対1の場合）

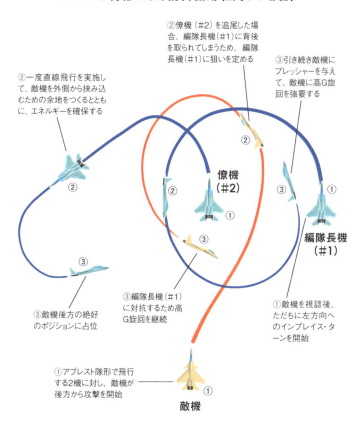

Science of a Dogfight
4-24

爆撃機に対する戦闘
―防御装置や護衛機に守られた手強い存在

　戦闘機が対峙する相手は、敵の戦闘機だけではありません。多数の巡航ミサイルや爆弾を搭載して侵攻してくる**爆撃機**や、補給物資などを空輸する**輸送機などの大型機**も攻撃の対象となります。そのなかでも爆撃機は特に直接的な脅威が大きいため、攻撃が開始される前に確実に撃破する必要があります。

　1950年代に入ると、核爆弾を搭載して高高度を長距離飛行可能なジェット爆撃機が実用化されました。これは米ソが対立を深めるなか、重要な戦略兵器のひとつであり、双方にとって大きな脅威でした。これに対処するため、高高度目標を迎撃可能な超音速戦闘機の開発が進められました。

　そして1960年代には、超音速で飛行可能な爆撃機の研究が進められました。1970年代に登場した米国のロックウェルB-1やソ連のツポレフTu-22M "バックファイア" などがその代表的な存在ですが、すでに時代は大陸間弾道弾（ICBM*）によるミサイル攻撃が主流となっていたため、B-1は一度開発計画が凍結されたあと、巡航ミサイルなどを搭載して低高度を高速侵攻するB型に設計があらためられて現在に至っています。

　現代の爆撃機のミッションは、ステルス機のB-2を除いて、**レーダーに発見されにくい低高度を侵攻してくるケースが多くなっているほか、射程の長いミサイルを搭載している**ため、早期に迎撃して撃破することが求められています。

　爆撃機に対する攻撃は、相手が機動性に劣ることもあって容易に撃破できそうな印象がありますが、後方に銃座を装備している機体があるほか、ECMやチャフ／フレア、曳航デコイといった

強力かつ高度な自己防御装置が装備されているため、決して簡単に撃破できる相手ではありません。また爆撃機は基本的に戦闘機(エスコート・ファイターなど)による護衛を受けているため、ほとんどの場合はまず護衛の戦闘機と戦う必要があります。

　爆撃機や要人が搭乗した輸送機などを護衛する戦闘機は、護衛対象が敵機の空対空ミサイルの射程内に入る前に脅威を排除する必要があるため、原則的に護衛対象から少し離れた位置で警戒にあたります。周囲を固めるエスコート・ファイターに加えて、通常は編隊の前方に敵機を排除するための戦闘機(エリア・スイーパー)が先行して、護衛任務に就きます。

※ **ICBM** : Inter-Continental Ballistic Missile

共同訓練で米空軍のB-1B爆撃機をエスコートする米海兵隊のF-35Bと航空自衛隊のF-2A。こうした密集した編隊飛行はセレモニー的に行われるもので、実際の任務では離れた位置から護衛にあたる
写真/米空軍

❹ 離脱

―機を逸せずに帰投するのが重要

戦闘機にとって敵を撃破することは重要な任務ですが、同時に無事に基地へ帰投して再発進に備えることも大切な任務のひとつです。

戦闘中はミサイルや機関砲弾の残数とともに、残燃料も常にモニターしておく必要があります。いくら敵機を撃破しても、自身が燃料切れで墜落してしまってはなんの意味もありません。

そのため、飛行中は無線を使用して定期的に編隊内で残燃料などを確認します。ミッションの前に帰投に必要な最低保有燃料（ビンゴ・フューエル）を設定しておき、編隊内のいずれかの機体がこの残燃料まで消費した時点ですみやかに帰投を開始します。最近の機体では設定した最低保有燃料になると、警報音が鳴ってパイロットに注意を促すようになっています。

なお、兵装類をすべて発射してしまった場合についても、原則的に帰投を決心しますが、燃料に余裕がある場合は敵機を牽制したり状況の監視などを行うことが可能ですので、戦域の周辺に滞空する場合もあります。

もし帰投する方角に敵機がいて、燃料的に迂回する余裕がないような切迫した状況では、相手に向かって加速しながら最大の交差角ですれ違ったあと、一気に離脱を図ります。

離脱でもっとも重要なのは「タイミングを逸しないこと」で、燃料や兵装に若干余裕がある場合でも、戦況がいったん落ち着いている場合は帰投を決心します。

帰投の際は、自機のレーダーや警戒管制組織から周囲の情報を入手するほか、帰投予定の基地の天候や状況（被害の有無など）

第4章 戦闘機の戦い方

も確認します。後方から敵機が追ってきている場合は、十分な速度を維持する必要があるほか、敵の対空兵器などからの脅威が想定される場合は、低高度を飛行する必要があります。脅威が去った時点で燃料消費が少ない高い高度まで上昇し、効率のよい速度で飛行します。

　帰投時に空中給油を受ける場合は、設定されたランデブー・ポイント(会合点)に向けて飛行します。燃料搭載量が少ない戦闘機にとって、空中給油機は大変ありがたい存在です。長距離のミッションでは進出時にも空中給油を受ける場合があるので、現代の航空戦において空中給油機は不可欠な存在です。

　基地に帰投した後は、ただちに燃料や弾薬の補給、整備といったターン・アラウンド(再発進準備)作業が実施され、次のミッションに備えます。

KC-135Rから空中給油を受けるために接近するF-15E。左側には給油ブームが確認できる

写真/米空軍

147

エース・パイロットとは？

　第一次世界大戦において、敵機の撃墜に成功したパイロットが史上初めて誕生しましたが、そのなかで5機以上（当初は10機以上）撃墜したパイロットには「エース・パイロット」の称号が与えられ、その栄誉が讃えられるようになりました。

　第一次世界大戦では、記録に残っているだけでも30名以上のエースが誕生し、続く第二次世界大戦では、ドイツ空軍のエーリヒ・ハルトマンが史上最多となる352機を撃墜し、「黒い悪魔」と呼ばれて敵から恐れられていました。なお、わが国のトップ・エースは、第二次世界大戦中に76機の撃墜を記録した、日本陸軍の上坊良太郎だといわれています。

　その後の戦争では、投入される航空機の数が減少したこともあって、エースとなるパイロットの数は激減しています。ジェット戦闘機の時代に入ってからは、朝鮮戦争に参加したソ連空軍のニコライ・スチャウギンの21機撃墜が最高記録であり、比較的長期間におよんだベトナム戦争では、北ベトナム空軍のグエン・バン・コクの9機に対し、米国空軍のF-4戦闘機の後席に搭乗する兵器システム士官のチャールズ・デブリーブが6機を撃墜して、トップ・エースとなっています。

　情勢が不安定な中東諸国では軍事衝突がたびたび起きていますが、ベテラン・パイロットが数多く在籍したイスラエル空軍では何人ものエースが誕生しています。なかでもギオラ・エプシュタインは通算で17機を撃墜したほか、15機以上の撃墜を記録したパイロットが数名存在しています。

ドッグファイトや戦闘機の運用方法などについては、高度な専門性があるため、まだまだ不明な部分が多いと思います。第5章では、みなさんが抱かれるであろう素朴な疑問についてお答えします。

第5章

素朴な疑問

写真/赤塚 聡

太陽を背にすると本当に有利？

　昔の奇襲作戦では、太陽を背にして敵機に接近するという戦法が有効とされてきました。パイロットはまぶしさのあまり太陽を直視できないため、その方向から攻撃されると、なす術がなかったのです。

　現代の航空戦においては、パイロットは目視以外にレーダーなどの情報から敵機の位置を把握できるほか、目視距離外からのミサイル攻撃が一般的なので、この戦法を使う機会はほとんどありません。しかしミサイル攻撃がかわされてしまったり、予期せず敵機と遭遇してしまい格闘戦となった場合は、現代においても有効な戦法であることは間違いありません。

　こちらから攻撃を仕掛ける場合は、常に太陽と敵機を結ぶライン（軸線）に自機をコントロールして接近、攻撃します。また反対に敵機に追尾された場合でも、太陽に向かって飛行すると一時的に追尾が困難になることもあります。

　ただし、誤って太陽の中心から外れると機体のシルエットが強調されてしまうので、かえって発見されやすくなるリスクもあり、決して万能な戦法とはいえません。従ってこの戦法を用いる場合は、こうしたメリットやデメリットを考慮して、慎重に判断する必要があります。

　このように天象や気象を利用する戦法としては、ほかにも雲の中に潜んで接近したり、追われた際に雲の中に逃げ込むという手段があります。しかし、現代ではレーダーをはじめとする探知手段が進化しているため、こうした戦法の有効性は次第に薄れてきています。

第5章 素朴な疑問

太陽を利用した戦術

●太陽を背にした攻撃

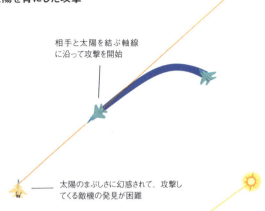

●太陽を利用した離脱

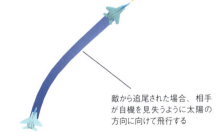

5-02

Science of a Dogfight

敵機の数が自分たちよりも多いときは？

　現代の戦闘においては、地上のレーダーサイトや空中警戒管制機（AWACS※）などのネットワークからの情報が得られるので、機数や機種といった敵の勢力については、会敵前にある程度把握することが可能です。しかし高度な電子妨害環境下にある場合や、敵機がレーダーに映りにくいステルス機であった場合については、そうした情報が得られないため、予期せず多数の敵機と遭遇してしまう可能性があります。

　明らかにみずからが劣勢であると判断した場合は、交戦を極力避けて、タイミングを見て戦域を離脱するよう計画します。この場合でも味方や僚機（ウイングマン）と常に連携を取りつつ、互いをサポートしながら離脱を心掛けます。

　もし相手の挑発に乗って格闘戦にもつれ込み、戦域内に低エネルギー状態で留まってしまうような事態になれば、まず勝てる見込みはありません。敵機の動きに合わせながら、できるかぎり相手の近くを対進（向かいあう）状態で交差するように機動し、交差後はただちにアンロード加速を実施して一気に離脱します。

　敵機より速度性能がすぐれていれば、その時点で逃げきれる可能性は高いのですが、両者の性能にほとんど差がないか、劣っている場合は追いつかれてしまう可能性があるため、後方の状況を常にモニターしておき、場合によっては反転してカウンター（対抗）機動を行うことで相手を牽制する必要があります。たとえ機数の面で圧倒的に劣勢な状況でも、編隊内の連携を切らさないようにして1機ずつ対処していけば、状況を打開するチャンスが生まれてきます。

第5章　素朴な疑問

敵が数的に勝っている場合の機動例

後方を警戒しつつ加速しながら戦域を離脱する。もし敵機との距離が近く、攻撃を受けそうな場合は、旋回して対抗機動を実施する

交差後はアンロード加速して、極力速度を獲得する

右側の編隊に指向して、相手に旋回する余地を極力与えないように、相手の至近距離を対進状態で交差するように機動する

※ AWACS：Airborne Warning And Control System

Science of a Dogfight
5-03

新米パイロットは編隊の
いちばん後ろなの？

戦闘機による戦闘行動では、ひとつの「エレメント」を構成する
リーダー（編隊長）とウイングマン（僚機）の2機が最小単位となり
ます。通常は、このエレメントがふたつ集まった「フライト」と呼
ばれる4機による編隊行動が基本とされています。

経験の浅いパイロットは、ウイングマンとして常にリーダーに
追従し、指示に従う必要があるほか、状況によってはリーダーを
サポートする役割をはたしますので、いちばん後方に位置するこ
とが多くなります。

地上を移動する際には、ウイングマンは常にリーダーのすぐ後
方を追従します。上空においては、まず基本隊形（ノーマル・フォ
ーメーション）と呼ばれる隊形でリーダー機の斜め後方に位置し
て飛行しますが、戦闘哨戒時には真横に1〜1.5マイル（1.85〜
2.78km）離れたポジションを維持します。これは互いの後方を警
戒したり、敵機が接近してきた場合に挟み撃ちにするのに適し
た「アブレスト」と呼ばれる隊形です（138ページ参照）。

特に後方から敵機が接近してきた場合、どちらかが遅れている
と狙われやすいので、あくまでもこの横一列の隊形の維持が重要
です。なお、ウイングマンとして十分な経験を積んだパイロット
は、リーダーに昇格するための訓練を実施して、2機編隊長（エ
レメント・リーダー）の資格を取得します。

さらにリーダーとして経験を積んだあとは、4機編隊長（フライ
ト・リーダー）、そして多数機編隊長（マス・リーダー）などの資格
を段階的に取得していかなければならないため、ファイター・パイ
ロットには常に自己研さんを怠らない真摯な姿勢が求められます。

第5章 素朴な疑問

4機によるフォーメーションの例

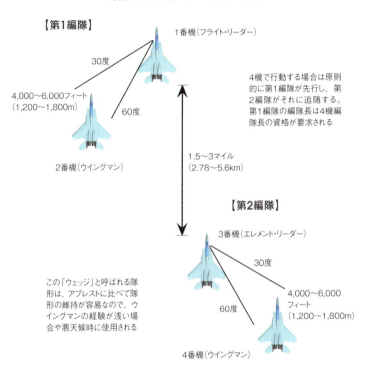

【第1編隊】

1番機（フライト・リーダー）

30度

4,000〜6,000フィート
（1,200〜1,800m）

60度

2番機（ウイングマン）

4機で行動する場合は原則的に第1編隊が先行し、第2編隊がそれに追随する。第1編隊の編隊長は4機編隊長の資格が要求される

1.5〜3マイル
（2.78〜5.6km）

【第2編隊】

3番機（エレメント・リーダー）

30度

4,000〜6,000フィート
（1,200〜1,800m）

60度

4番機（ウイングマン）

この「ウェッジ」と呼ばれる隊形は、アブレストに比べて隊形の維持が容易なので、ウイングマンの経験が浅い場合や悪天候時に使用される

航空自衛隊のF-15編隊。航空祭などでのデモフライトでは、多数機による密集したフォーメーションが披露される。各機体の間隔は基本隊形が基準となっている　　　　写真／赤塚 聡

155

Science of a Dogfight
5-04

スクランブル発進のときの手順は？

　空軍を保有する各国では、平時における警戒と不測の事態が発生した際の迅速な対応のため、常に一部の戦闘機をいつでも発進できるように待機させています。

　わが国の航空自衛隊でも、全国の戦闘航空団において24時間体制の警戒待機任務に就いており、国籍不明機などが接近してきた場合は、領空侵犯させないように**スクランブル（緊急）発進**して、彼我の識別や行動の監視、そして領空への接近に対する通告などを行っています。

　そして万が一にも領空を侵犯された場合は、ただちに領空外へ退去させるための誘導や信号・警告射撃、あるいは強制着陸などの措置を講じます。

　戦闘機が配備されている基地には通常、滑走路のすぐ脇に**アラート・ハンガー**と呼ばれる専用の格納庫が設けられています。ここには常に数機の戦闘機が機体各部の点検や**プリタクシー・チェック**と呼ばれる飛行前の点検を完了した状態で待機しており、スクランブル指令から5分以内という短い時間で離陸できます。

　全国各地に配置されたレーダーサイトなどで構成された警戒管制組織は、24時間365日態勢で自国の周囲を監視しており、周辺を飛行するすべての航空機の動きを把握しています。フライトプランの照合や敵味方識別装置などでも彼我が不明な場合は、実際に航空機に搭乗したパイロットによる識別を行うため、ただちに最寄りの基地に対してスクランブル指令がだされます。

　指令を受けた基地のアラート・ハンガーでは、スクランブル発進のサイレンが鳴らされ、機体の脇の部屋で待機していたパイロ

ットや整備員たちが機体に駆け寄ってエンジンを始動、すぐに発進の手順を進めていきます。通常は風上に向かって離陸しますが、スクランブルの場合は風向きにかかわらず、直近の滑走路方向から離陸します。

　領空は国際法で領土およびその海岸線から12マイル（海里）までの上空と定められていますが、音速のマッハ1近くで侵攻してくる機体は1分間に約10マイルの速さで接近してくるため、1分1秒を争って対処する必要があるのです。

　近年、わが国の周辺では中国やロシア軍機の活動が活発化している関係で、緊急発進回数は増加の一途をたどっています。2016年度には冷戦の緊張状態のなかで1984年度に記録した944回を抜いて、過去最高となる1,168回のスクランブル発進が1年間に行われました。

スクランブル発進で機体に駆け寄る航空自衛隊のF-2A戦闘機のパイロット　　写真/赤塚 聡

Science of a Dogfight
5-05

ドッグファイトがいちばん強い戦闘機は？

　ドッグファイトに勝つために求められる能力は、これまでに紹介してきたように、すぐれた旋回性能と大きな余剰推力、そして能力の高いウエポン・システム（レーダーや空対空ミサイル）などの総合力です。さらに低速域でも安定して機動が継続できる良好な飛行特性も、重要な能力のひとつといえます。

　現在、世界で活躍している戦闘機のなかで、ドッグファイトに強いと思われる機体を見ていくと、まず F-15 イーグル の名前が挙げられます。高い旋回性能と大きな余剰推力に加えて、強力なレーダーを装備しており、最新の空対空ミサイルを8発装備することが可能です。ほかの機体では主翼下のパイロンにミサイルを搭載するケースが多いのですが、F-15では大型の中射程ミサイルを胴体に密着したかたちで搭載することができるため、搭載時の空力抵抗の増加が少なく、また機動時の制限荷重の低下がないという強みがあります。

　胴体にミサイルを密着して搭載できるという点では、ユーロファイター・タイフーン も同様です。特にデルタ翼機のタイフーンは高迎え角時の機動性にすぐれているほか、大きな余剰推力によりすぐれた機動性を有しています。

　1対1の局面にかぎっていえば、通常は失速してしまうような領域でも機動が可能な ポストストール性能 にすぐれた機体も有利といえます。その代表格として挙げられるのが スホーイ Su-27 シリーズ です。「コブラ」や「フック」などの機動により、速いレートで一気に機首をもち上げて減速し、相手を前方に押しだしたあとに追尾できるため、動的な防御力という点では特筆すべき性能

をもっています。またSu-30MKシリーズでは推力偏向装置（TVC）を装備しており、通常は舵が利かないような超低速域でも機体の姿勢をコントロールできます。

　こうした装備や要件をすべて満たしているのが、F-22ラプターです。推力偏向ノズルの装備だけでなく、アフターバーナーを使用しない状態でも大きな推力が得られるため、高い運動性能とポストストール機動性能を有しています。F-22はステルス戦闘機として有名ですが、実はドッグファイトでもトップクラスの実力を備えています。特に高高度のドッグファイトでは、F-22に勝てる機体は存在しないでしょう。

　なお同じ第5世代機でも、F-35や中国のJ-20などは従来機に比べて機動性が後退しています。これはステルス機では敵機から発見されるよりも先に相手を目視距離外（BVR）で撃破するという戦術が基本であり、ドッグファイトは想定していないためだといわれていますが、実際はステルス性と機動性を高いレベルで両立した機体の開発は容易ではないため、機動性よりもステルス性を重視した結果によるものです。

ドッグファイトという局面から見れば、現在でもトップクラスの性能を誇るF-15。航空自衛隊では対領空侵犯措置任務を実施しているが、国籍不明機に接近して行動を監視している際に突然相手が敵対的な行動をとる可能性も皆無ではないため、今後もドッグファイトを想定しておく必要がある

写真/赤塚 聡

Science of a Dogfight
5-06

古い機体で新しい機体に勝てることはある？

　戦闘機同士のドッグファイトにおいては、機体の性能差は勝敗の行方に大きく影響してきます。現在は第4世代機のF-15イーグルやF-16ファイティング・ファルコン、F/A-18ホーネット、Su-27フランカーなどから、第5世代機のF-22AラプターやF-35AライトニングⅡなどへの移行が始まっていますが、旧式のF-4ファントムⅡやミラージュF1、MiG-21フィッシュベットなどの第3世代機もまだ現役で活躍しています。

　世代間の性能差はとても大きく、一般的に旧式の機体ではまず勝ち目はありません。ただ目視距離外（BVR）から発射される中射程ミサイルの攻撃をうまくかわして、ドッグファイトにもつれ込んだ場合は、たとえ旋回性能に劣っているような旧式機でも、パイロットの技量の差が大きいときは勝てる場合もあります。

　ドッグファイトには豊富な経験や高い技量が求められるほか、編隊内の連携がきわめて重要なため、状況によっては機体の性能差をくつがえすことが可能なのです。

　1980年代の航空自衛隊では、当時最新鋭の米空軍のF-15との異機種間戦闘訓練（DACT※）を実施していましたが、航空自衛隊のベテラン・パイロットが駆るF-104スターファイターは、すぐれた速度性能と小柄な機体サイズを活かして、米空軍のF-15に勝利することもありました。

　F-104は第2世代機に分類される旧式機ですが、F-15が得意とする旋回戦を避けて、常に高い速度を維持しながら一撃離脱戦法を繰り返すことにより、性能面で圧倒的に優位なF-15を翻弄することができたのです。

まさに機体の特性を知り尽くしたベテラン・パイロットの面目躍如な好例といえるでしょう。

旧ソ連で開発されたMiG-21。ベトナム戦争で活躍した同機はいまでも一部の空軍で使用されている
写真/National Museum of the US Air Force

F-104Jを完全に乗りこなす航空自衛隊のベテラン・パイロットは、同機の特長を活かしきって米空軍のF-15に勝利することもあった
写真/赤塚 聡

※ **DACT**：Dissimilar Air Combat Training

Science of a Dogfight
5-07

航空自衛隊は格闘戦に強い？

　航空自衛隊は1954年の創設以来、一度も実戦を経験していません。これは自衛隊の存在意義である抑止力という観点から見れば、十分にその役割を果たしている証左といえますが、その反面で真の実力を評価するのは難しい面があるのも事実です。

　ただ、数々の実戦経験をもつ米国をはじめ諸外国などとの合同演習や異機種間戦闘訓練において、航空自衛隊の格闘戦のレベルは高い評価を得ています。

　航空自衛隊では、創設当初から格闘戦（対戦闘機戦闘：ACM）の訓練を欠かさず行ってきましたが、1980年代に入って機動性にすぐれたF-15イーグル戦闘機の導入にともない、より格闘戦を強く意識した訓練を行うようになりました。

　高い機動性を誇るF-15は、それまでのF-104スターファイターやF-4ファントムⅡなどの旧世代機の戦闘テクニックの概念を一気にくつがえす実力をもっており、そのすぐれた性能を最大限に発揮すべく、新しい戦技の研究や訓練が行われました。

　パイロットの技量は、要員の資質や教育訓練体系のレベルによって大きく変わってきますが、なんといっても訓練飛行時間に比例するといわれています。

　わが国では1980年代後半に、戦闘機パイロットの年間飛行時間を欧米の空軍レベルにまで引き上げる方針が決定され、技量・装備の両面で世界のトップクラスといわれるまでに成長しました。しかし最近では、ネットワークを駆使した中・長距離戦が主流になってきていることもあり、訓練に占める格闘戦のウエイトは、以前よりも減少してきています。

第5章 素朴な疑問

高い格闘戦技術をもっている航空自衛隊だが、1970年代に導入されたF-4EJが45年以上経過した現在でも運用されている。2017年から後継機となるF-35Aの配備が開始されたが、戦力化されるまでは旧式のF-4に頼らざるをえない状況にある
写真/赤塚 聡

航空自衛隊に配備が開始されたF-35A。第5世代のステルス戦闘機である同機の導入により、空対空戦闘の戦術は大きな転換期を迎えることになる
写真/赤塚 聡

Science of a Dogfight
5-08

機関砲はどのくらいの距離から撃つの？

　戦闘機に搭載されている機関砲で代表的なものは、米国製のM61などの20mm機関砲です。そのほかにも世界には23mmや27mm、そして30mmといったさまざまな種類があります。機関砲の特長は大量の砲弾を高速で連続発射できることで、速いものでは1分間に6,000発の発射が可能な機関砲があります。

　機関砲の攻撃可能領域は右の図に示したとおりですが、有効な射撃効果が期待できる最大射程は通常約3,000フィート（900m）といわれています。ただし敵機の前方象限から射撃した場合は、目標自体が接近してくることもあり、最大射程はもう少し長くなります。

　なお砲弾が目標に命中した場合、飛び散った機体の破片などが自機に衝突したり、空気取入口からエンジンに吸い込んでしまうダメージを考慮して、最小射程についても定められています。通常は1,000フィート（300m）と規定されており、訓練・実戦を問わず最小射程は厳守しなければいけません。

　一般的に目標との相対距離が近いほど命中精度が高まりますので、どうしても目標に接近して射撃してしまいがちですが、ヘッド・アップ・ディスプレイ（HUD）に表示される距離情報や目標の見え方（大きさ）などを参考にして、常に最小射程以内に接近しないよう留意する必要があります。

　機関砲は敵機のどの象限からでも射撃ができますが、安定した追尾・照準が実施できるのは、やはり後方象限だけです。格闘戦で敵機のすぐ後方に回り込むことに成功した場合は、空対空ミサイルとともに機関砲による攻撃が効果的です。ただし5〜8秒

程度の射撃で弾がなくなってしまうので、慎重に照準を定めて、射撃時間は必要最小限に留める必要があります。

ちなみに機関砲は地上目標の攻撃にも使用されてきましたが、近年では反撃によるリスクを回避するため、地上目標に対しては遠方から攻撃できる誘導爆弾や空対地ミサイルが使用されます（184ページ参照）。

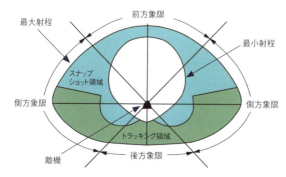

「スナップショット領域」は、一時的な射撃が実施可能な領域。「トラッキング領域」は、継続して追尾・射撃が実施可能な領域

F-15やF-4などの戦闘機に搭載されている、M61A1機関（バルカン）砲
写真/赤塚 聡

実弾訓練はどうやっているの？

　実弾を使用した訓練は、戦闘機パイロットや航空機に対する兵装の搭載に携わる地上のクルーにとって不可欠ですが、実際の射爆撃は「レンジ」と呼ばれる訓練空域で実施されています。

　わが国の場合も、通常の訓練空域とともに射爆撃訓練が可能な空域や使用状況（日時など）が公示されており、定期的に訓練が実施されています。国土面積が狭いわが国では、射爆撃訓練空域は大半が洋上に設定されており、陸上の射爆撃訓練場はごくかぎられた一部にのみ設定されています。

　戦闘機による実弾訓練は、「空対空射撃」「空対地射爆撃」「対艦攻撃」の3種類に大別することができます。

　まず空対空射撃訓練では、航空機で曳航するタイプの標的やターゲット・ドローンと呼ばれる無人標的機などに対して、ミサイルや機関砲を発射します。特に無人標的機は機動させることができるので、より実戦的な訓練が可能です。

　空対地射爆撃訓練では、陸上および洋上の射爆撃訓練場に設置された標的に対して、爆弾を投下したり機関砲による射撃を行います。標的の周囲にはセンサーなどが配置されており、射爆撃の成果を確認することが可能となっています。

　対艦攻撃訓練では、洋上に設置した標的に対して爆弾などのほか、最近では対艦ミサイルによる攻撃を実施します。対艦ミサイルは射程が長いので、訓練には広大な訓練海域が必要になります。なお対艦ミサイルの開発の過程では、老朽化などにより廃艦となった艦艇を実際の標的に使用して、破壊力の検証を行うこともあります。

第5章 素朴な疑問

航空チャート

国際民間航空機関(ICAO：International Civil Aviation Organization)の航空路図には、航空路のほか航空機の運航に必要な情報が記入されている。図は青森県東方のエリアで、赤色のラインで囲まれた範囲が訓練空域、紺色のラインで囲まれた範囲が射爆撃訓練空域。青森県には国内では数少ない陸上の射爆撃訓練場も設定されている(左側の扇形のエリア)

航空自衛隊で機関砲の射撃訓練に使用されているAGTS(Aerial Gunnery Target System)曳航標的システム。F-15やF-4戦闘機に搭載し、空中でオレンジ色の標的部分を約700mの長さのワイヤーで曳航する

写真/赤塚 聡

167

Science of a Dogfight

5-10

敵機にロックオンされるとわかるの?

　戦闘機にはレーダー警戒装置(RWR[※1])が搭載されており、地上の対空兵器や戦闘機などに搭載されているレーダーの電波を捉えて、パイロットに警告を発します。

　これは自機の周囲にある電波放射源を探知して、レーダーが使用している周波数やパルス繰り返し周波数(PRF[※2])などを分析することにより、電波の到来方向、距離、レーダーの種類などをコクピットのディスプレイに表示するほか、ロックオン(追尾)されたときは、警告音などにより脅威が迫っていることを知らせます。

　ロックオンされた場合は、地上の地対空ミサイルや敵戦闘機の空対空ミサイルによる攻撃が予想されますので、電子妨害(ECM[※3])装置やチャフ/フレア・ディスペンサーといった自己防御装置を作動させて自機を守ります。

　レーダー警戒装置やチャフ/フレア・ディスペンサーは、戦闘機以外に輸送機やヘリコプターなどにも搭載されています。低空を比較的低速で飛行する機会の多い輸送機やヘリには、地上の兵士が携行して発射可能な赤外線追尾方式のミサイルの攻撃から身を守るために、さらにミサイル警戒装置(MWS[※4])の装備化が進められています。これは自機に向けて接近するミサイルを探知して、乗員に警告するシステムです。

　以前は、こうした自己防御装置はそれぞれ独立して装備されていましたが、現在ではすべての機器が連接・統合されており、自機に対する脅威を探知すると自動的に電子妨害やチャフ/フレアの射出が行われるため、作戦航空機の自己防御能力は大幅に向上しているといえます。

第5章 素朴な疑問

レーダー警戒装置ディスプレイの表示例

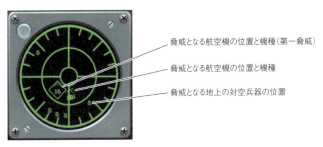

脅威となる航空機の位置と機種（第一脅威）
脅威となる航空機の位置と機種
脅威となる地上の対空兵器の位置

自機を中心として、周囲の360度に存在する電波放射源（脅威）の位置が表示される。文字やシンボルの形などで対象の機種や種類などを判別可能。また、新たな脅威の出現やロックオンを受けた場合は、警告音で乗員に伝える

フレアを放出するF-15E。自機に脅威が迫ったことがわかったら、自己防御装置を作動させる
写真/米空軍

※1 **RWR**：Radar Warning Receiver
※2 **PRF**：Pulse Repetition Frequency
※3 **ECM**：Electronic Counter Measures
※4 **MWS**：Missile Warning System

169

Science of a Dogfight
5-11

アグレッサー飛行隊や
アドバーサリー飛行隊とは？

米空軍では1970年代に、当時のソ連などの仮想敵国の戦術を研究し、演習などでその成果をシミュレート（模擬）することで、より実戦的な訓練環境を実現するためにアグレッサー飛行隊（aggressor：侵略者の意）を設立しました。現在はF-16とF-15を装備する第18/第64/第65アグレッサー飛行隊の3個飛行隊を擁しています。

米海軍も同様にアドバーサリー飛行隊（adversary：対抗者の意）を1970年代の初頭に設立し、現在もF-5やF-16、F/A-18を装備するアドバーサリー飛行隊が活躍しています。

敵の戦術や機体に関する情報の有用性は、かなり以前から認識されており、第二次世界大戦中の米国では、戦闘で鹵獲した日本の機体（零戦など）を分解して構造を調べたり、実際に飛行させるなど徹底的に研究して対抗策を講じました。

航空自衛隊においても、米空軍のアグレッサー飛行隊に範を取った飛行教導隊が1981年に新設されました。国産の超音速練習機T-2を装備する同隊は、MiG戦闘機などの戦術を各戦闘機部隊に対してシミュレートしてみせることで、従来にはなかった実戦的な訓練を通じて、パイロットの技量向上に貢献してきました。のちの1990年には使用機種をF-15に変更したほか、2014年には飛行教導群に改編されて現在に至っています。

アグレッサー飛行隊に所属するパイロットは、教官役を務めることもあって豊富な経験をもった優秀な人材ばかりが集められています。そのため、訓練を受ける側の若手パイロットたちからは恐れられている反面、憧れの対象ともなっています。

第5章 素朴な疑問

米空軍の第18アグレッサー飛行隊（アラスカ州エイルソン空軍基地）のF-16

写真/米空軍

航空自衛隊の飛行教導群では、F-15DJに独自の迷彩塗装を施して任務にあたっている

写真/赤塚 聡

171

Science of a Dogfight

5-12

戦闘機パイロットになるには どうすればいい?

　戦闘機のパイロットになるためには、身体的な適性はもちろんのこと、通常は米国のように空軍士官学校や海軍兵学校といった専門の大学を卒業する必要があります。わが国の場合は、防衛大学校のほか一般大学を卒業してから、幹部候補生として航空自衛隊に入隊する方法や、それ以外にも高等学校卒業者を対象とした航空学生というユニークな制度があります。実際の戦闘機パイロットに占める割合は航空学生出身者がいちばん多く、まさに航空自衛隊パイロットの中核を担う存在となっています。

　航空学生の試験は、通常の学科試験のほか筆記による適性試験(1次試験)、身体検査や面接(2次試験)、そして実機による適性試験(3次試験)が実施されます。3次試験では実際にT-7練習機の後席に搭乗して、上空で事前に定められたとおりの操縦操作を行い、操縦適性が評価されます。航空学生の応募倍率は約30〜40倍となっていますので、かなりの狭き門です。

　入隊後はまず自衛官として、そしてパイロットとして必要な知識の習得や、体力・精神力の育成が約2年間かけてしっかりと行われます。その後フライトコースに進み、練習機による飛行訓練が開始されます。最初はプロペラ機のT-7から訓練が始まりますが、この課程の修了時に戦闘機要員と輸送機・救難機要員の2つのコースに分けられます。選定の基準は明らかにされていませんが、本人の希望や適性などが重視されているようです。

　戦闘機要員に選ばれた要員には、T-4ジェット練習機による訓練が実施されます。この課程を修了するとパイロットの証であるウイングマークが授与され、将来搭乗する機種に応じてF-15もし

くはF-2による教育課程に進みます。一人前の戦闘機パイロットになるには、航空学生の場合で入隊からおよそ6年の月日を要します。なお防衛大学校や一般大学出身者については、幹部候補生学校での教育(6〜10カ月)を経てフライトコースに進むことになります。以降のカリキュラムについては、航空学生と同様です。

航空自衛隊のパイロット養成課程

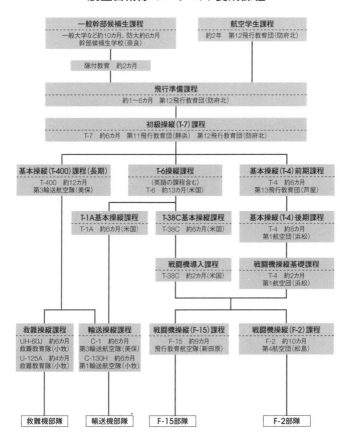

Science of a Dogfight
5-13

緊急射出装置は絶対作動する？

　ジェット戦闘機などには、緊急時にパイロットが座席ごと緊急脱出できる射出座席（イジェクション・シート）が装備されています。射出座席は第二次世界大戦直後に登場したジェット戦闘機から本格的に装備が開始されました。最初は脱出する際にある程度の高度や速度が必要とされていましたが、現在では地上で静止している状態でも安全に脱出できます。

　コクピット内のカタパルト・レールに取りつけられた射出座席にはロケット・モーターが装備されており、パイロットが射出ハンドルを引くことにより火薬式のイニシエーター（点火装置）が作動して、瞬時に座席の射出シーケンスが開始されます。

　一般的なシステムでは、射出操作によりまず最初にキャノピーが火薬の力で射出され、そのあとに複座機の場合はまず後席から先に射出が開始されます。続いて一瞬の時間差をおいて前席が射出されますが、この時間差は射出された座席同士が空中で衝突するのを防止するためのものです。ハンドルを引いてから2つの座席の射出が完了するまでに要する時間は1秒以内で、システムは火薬の爆発で発生する高圧ガスのみで作動するため、機体の電源や油圧などの系統にトラブルを抱えていても問題なく脱出することが可能です。

　射出後は座席に装備されたセンサーが働いて、高度や速度に応じて自動的にパイロットと座席が分離され、パラシュートが開傘します。座面には救命ボートやサバイバル・キットが収納されており、こちらも自動的に展張しますので、たとえパイロットが気を失っていても問題なく作動します。

第5章 素朴な疑問

射出座席の作動シーケンス

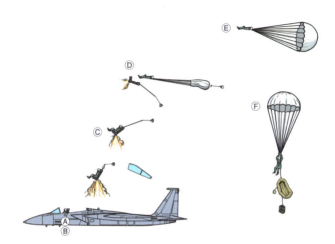

Ⓐ射出ハンドルの操作
・ショルダー・ハーネス(肩部のベルト)の巻取り：
 パイロットの拘束
・キャノピーの射出開始
・緊急信号の発信開始
Ⓑロケット・モーター点火
・酸素ホースおよび通信ケーブルの解除
・後席の射出開始(複座機の場合)
・前席の射出開始
Ⓒ落下傘の強制開傘開始
Ⓓパイロットと座席の分離
・座席ベルトの開放
・無線ビーコンの発信開始
Ⓔ落下傘の完全開傘
Ⓕサバイバル・キット類の展張

航空自衛隊のT-4ジェット練習機に装備されている射出座席。座面の前方中央にある黄色と黒に塗られたリングが射出用ハンドル
写真/赤塚 聡

175

ドッグファイトで窮地に陥ったらどうするの？

Science of a Dogfight
5-14

目視距離外における最初の戦闘から、引き続き接近してドッグファイトに突入した場合は、敵の位置や機数などを把握できていることもあり、相互にニュートラル（等位）なポジションから戦闘が開始されるケースがほとんどですが、状況がよく認識できていない場合や敵機の数が多いときなどは、不利な状態からのドッグファイトを強いられる場合があります。

もし不覚にも敵機に背後を取られてしまった場合には、迅速にブレイク・ターンを実施して対抗します（56ページ参照）。敵機との距離がまだ自機の旋回面（直径）の外側であれば、後方に占位される前に方位角を十分に増大させることができますが、もし発見が遅れて旋回面の内側に入られていた場合は、維持旋回率や余剰推力などの機体の性能によほどの差がない限り、逆転することは不可能です。

仮にパイロットの技量面で大きなアドバンテージがあったとしても、物理法則には逆らえず、フレアやチャフを適切に射出しつつ最終回避機動を行うしかありません。

しかし、これはあくまでも1対1の場合で、現在は最低でも2機単位で戦闘を実施しますので、僚機と相互に連携を取りながら状況を打開します（142ページ参照）。

もちろん起死回生を狙って右上図の「コブラ」のような機動を実施する選択もありますが、敵機も同様の機動が実施可能な場合は効果がありませんし、なにより低エネルギー状態で戦域に留まる機体は、他機から見れば格好の標的になってしまうため、極力避ける必要があります。

近年では格闘戦に強い、シーカーの首振り角が大きな**オフ・ボアサイト交戦能力**をもった空対空ミサイルが実用化されていますが、機体の機動性能以外にもこうしたウエポン・システムの能力は、ドッグファイトの勝敗を左右する重要なファクターのひとつになっています。下図に示したように、相手よりも広範囲の**攻撃エンベロープ（範囲）**をもつミサイルを装備している場合は、先にミサイルを発射することが可能なため、機動性能の不足をカバーできます。

コブラ機動

失速速度より十分に余裕をもった速度から、操縦桿を手前にいっぱいまで引いて保持する

迎え角が増大して急減速するのと同時に、ピッチ角が垂直姿勢以上まで増加したあと、機首が下がり始める

引いている操縦桿をゆるめて水平飛行に復帰

ドッグファイトで相手に自機の後方に占位されてしまった場合に、コブラ機動を実施することにより、相手をオーバーシュートさせたり、前方に押しだして状況を打開できる

AIM-9Mサイドワインダー（米）とR-73[※]（露）の攻撃エンベロープの比較

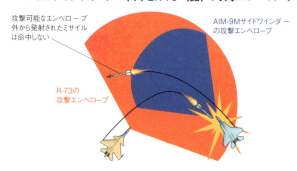

攻撃可能なエンベロープ外から発射されたミサイルは命中しない

AIM-9Mサイドワインダーの攻撃エンベロープ

R-73の攻撃エンベロープ

※ NATOコードネーム：AA-11「アーチャー」

ステルス機の登場で
ドッグファイトはなくなる？

　初の本格的な実用ステルス戦闘機として開発された米空軍の
F-22Aラプターは、敵のレーダーに発見されにくい高度なステル
ス性能と高い飛行性能を両立した最強の戦闘機です。

　F-22Aの開発時の運用構想は「First Look, First shot, First
Kill」ですが、これは敵に発見される前に相手を発見し、遠距離
からの先制攻撃で敵を撃破するというものです。

　そのためF-22Aの基本的なタクティクス（戦術）は、高高度を
高速で飛行し、敵機を発見したあとはAIM-120 AMRAAM空対
空ミサイルにより遠距離から攻撃するというBVR（目視距離外）
戦闘をメインとしています。

　機内のウエポンベイ（兵器倉）に搭載する空対空ミサイルも、中
射程のAIM-120が6発と短射程のAIM-9Mが2発であることから、
近距離戦となるドッグファイトはあまり重視されていないことが
わかります。しかし、戦闘に関する情報が錯綜するような切迫し
た状況下や、敵機も同様に高度なステルス性能を有していた場
合は、意図せず近距離で敵機と遭遇するケースが想定され、当
然その場合はドッグファイトに移行することになりますので、や
はりドッグファイトはなくならないと思われます。

　F-22Aは従来のF-15などをしのぐ旋回性能や余剰推力を有し
ているほか、推力偏向ノズルを採用したF119エンジンの装備に
より、通常の戦闘機では舵が利かないような超低速度域での機
動が可能なので、ドッグファイトでも高い能力を発揮します。加
えて高高度領域での機動性においても、推力偏向ノズルの有効性
は高く評価されており、F-22Aに死角はまったく見あたりません。

今後に予想される、第5世代のステルス機同士の戦闘において、ドッグファイトが生起する可能性については議論が交わされていますが、戦闘機に搭載されているレーダーはもとより、地上やAWACSなどの強力なレーダーからも探知が困難なステルス機に対して、目視距離外から発射されたアクティブ・レーダー方式のミサイルに装備された小さなシーカーが、追尾に有効な距離からステルス目標を捉えることは難しいと思われます。ですから、ステルス機を確実に撃墜するためには、赤外線誘導方式のミサイルなどを使用した近距離での戦闘は避けられない状況にあるでしょう。

ドッグファイトでもライバル機を圧倒する能力を誇るF-22A。すべての兵装を胴体のウエポンベイ（兵器倉）内に収容してステルス性を確保している　　写真/米空軍

Science of a Dogfight
5-16

地上からの攻撃には どうやって備えているの？

　戦闘機にとって直接的な脅威となるのは、まず第一に敵の戦闘機であることはいうまでもありませんが、近年では戦闘機のマルチロール（複合任務）性が高まっています。そのため、従来は攻撃機が実施していた任務を担当するケースも増加しており、敵地や敵艦艇の上空を飛行する際には対空兵器による攻撃を受ける可能性が高くなります。

　航空機に対する攻撃に使用される対空兵器には、地対空ミサイル（SAM[*1]）や対空機関砲（AAA[*2]）などがあり、地対空ミサイルのなかには兵士が携行できるような小型サイズの携行SAMなどもあります。

　地上からの攻撃に対する防御策としては、まず発見されないように低高度を侵攻する方法が有効です。また事前に情報が入手できている場合は、脅威となる地域を避けて飛行します。

　あとは機体に装備されているレーダー警戒装置や電子妨害装置、そしてチャフ/フレア・ディスペンサーなどの自己防御装置を最大限に活用して、敵の対空兵器から身を守ります。

　レーダー警戒装置により地上のレーダーからロックオンされたことが判明した場合は、電子妨害装置やチャフの使用が有効なほか、赤外線誘導のSAMに対してはフレアを使用して対抗します。また自己防御装置だけに頼らず、回避機動と併用することにより、自機に迫る脅威を極力排除するように努めます。

　なお、A-10攻撃機のように対地攻撃を主任務として開発された機体には、コクピットの周囲をはじめ機体各部に装甲が施されており、対空火器からの被弾に耐えうる設計となっています。

第5章 素朴な疑問

F-15がフレアを射出するシーン　　　　　　　　　　　　　写真/米空軍

F-16がフレアを射出するシーン　　　　　　　　　　　　　写真/米空軍

※1 **SAM**：Surface to Air Missile
※2 **AAA**：Anti Aircraft Artillery

181

Science of a Dogfight

5-17

空対空ミサイルは
どこからでも撃てるの？

　戦闘機が装備する空対空ミサイルには、それぞれに有効な攻撃エンベロープが設定されており、この領域外から発射したミサイルは目標に命中させることができません。

　これは自機や敵機の速度や高度、機動の状態などによって変化しますが、ミサイルの眼となるシーカーをはじめ推進装置（ロケットモーター）は年々進化を遂げており、攻撃エンベロープは大幅に拡大してきました。

　赤外線誘導方式の空対空ミサイルの攻撃エンベロープの進化を右上図に示しましたが、当初は敵機後方の頂角が約60度の円錐の範囲というような、ごく限られた領域からしか撃てませんでした。その後1980年代には、敵機の前方象限からも攻撃可能な全方位攻撃能力を獲得し、さらに2000年代には自機の前方象限だけでなく、真横にいる敵機に対する攻撃が可能になりました。これはヘルメットのバイザー部分などに表示されるシンボルを、頭を動かして相手機に重ね合わせることで攻撃目標をキューイング（指定）できる、ヘルメット搭載型照準装置（HMS）との組み合わせによって実現しました。

　この第4世代の空対空ミサイルを使用した、対進目標に対する攻撃の概要を右下図に示しました。敵機と互いに後ろを取り合うような旋回戦でほぼ等位の膠着状態にあっても、HMSで目標を指定して発射することにより、ミサイルはすばやく旋回して敵機を追尾します。敵機が約90度旋回した時点で最初の撃墜のチャンスがありますが、もしその時点で追いつくことができなくても、高いGでブレイク・ターンを続ける敵機を継続して追尾、撃

墜することが可能です。

　現在の最新型のミサイルでは、自機の周囲にいる敵機に対して、どの方向にも撃てるまでにエンベロープが拡大しています。ただ、ミサイルのロケットモーターは燃焼時間が限られているため、大きな旋回機動を行った場合はエネルギーを失いやすいほか、発射直後の追尾機動にも一定の制約があるため、後方の目標に対する攻撃では最大射程が短くなる一方で、最小射程が伸びる傾向にあります。また錯綜した状況では、友軍相撃を避けるために敵味方の識別を確実に行う必要があるため、後方目標への攻撃はまだ課題が多く、限定的にならざるをえません。

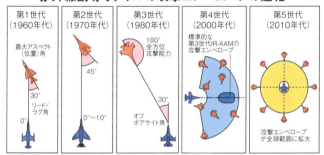

赤外線誘導ミサイルの攻撃エンベロープの進化

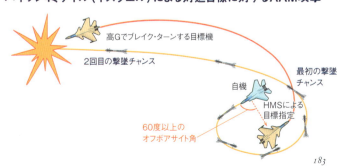

パイソン4ミサイル（イスラエル）による対進目標に対するAAM攻撃

対地攻撃はどうやって行う？

　航空機による対地攻撃は、まず上級司令部から目標の位置や数、種類、攻撃機の編成、使用兵器などのオーダー（命令）を受け取ることから始まります。ミッションを担当するパイロットは目標までの飛行経路や攻撃方法を検討して、戦術航法用の資料（地図や航法用データなど）を作成します。

　戦術航法とは、敵のレーダー網や対空火器網から逃れるべく低高度を高速で飛行して、攻撃目標に対して侵攻するテクニックです。通常の航法とは異なり、指定された時間（タイミング）どおりに攻撃できるよう、常に速度や経路を修正しながら飛行するため、パイロットには高度な技量が要求されます。

　現在は目標に対して遠距離から攻撃可能なスタンドオフ兵器（空対地ミサイルや滑空誘導爆弾）が実用化されているほか、通常の爆弾にレーザーやGPS※などで誘導可能な改修キットを取りつけた誘導爆弾による攻撃が主流となっています。通常爆弾を使用した基本的な攻撃パターンは、相手から発見されないように低高度で目標に接近し、手前で一気に上昇して反転、ターゲットを確認したあとに目標に向けて降下しながら短時間で照準して投下するポップアップ攻撃が一般的です。

　これには目標に対して直線的にアプローチするストレート、アングルをつけて側方からアプローチするアングルオフなどのパターンがあります。いずれも目標確認のために上昇（ポップアップ）したわずかな時間で目標を発見して照準する必要があるため、正確な航法とすぐれた判断力が要求されます。

　誘導爆弾を使用する場合は、最後の照準操作をある程度省略

第5章 素朴な疑問

することができるので、パイロットのワークロード（負担）やリスクが減少しているほか、上昇しながら爆弾を放物線状にリリースするトス爆撃により、少し離れたポイントからの攻撃が可能となっています。

空対地ミサイルや滑空誘導爆弾を使用する場合は、さらに遠方からの攻撃が可能なので、地上から攻撃を受けるリスクは大幅に減少しています。

※ **GPS**：Global Positioning System

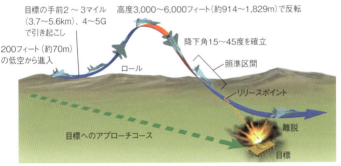

ポップアップ攻撃（ストレート）

目標に対してまっすぐにアプローチしながら、目標の手前でポップアップ上昇したあと、ロールで背面姿勢にしながら目標を確認、照準を定めて爆弾を投下する。過早に引き起こすと降下角が浅くなりすぎてしまう一方で、引き起こすタイミングが遅いと降下角が深くなりすぎるため、適切なポイントで上昇を開始する必要がある

Mk.82爆弾（500ポンド）にGPS誘導キットを取りつけたGBU-38/B。このシリーズはJDAM（統合直接攻撃弾）と呼ばれており、米軍では標準的な対地攻撃兵器となっている
写真/赤塚 聡

185

Science of a Dogfight
5-19

対艦攻撃はどうやって行う?

　航空機から敵の艦船を攻撃する際は、陸上目標の場合とは異なり周囲に身を隠すような地形や地物がないため、基本的に高度300フィート（約100m）以下という超低高度で洋上を飛行して目標に向かう必要があります。

　使用するウエポンは従来の通常爆弾をはじめ、誘導爆弾や対艦ミサイル（ASM[*1]）などがありますが、対地目標と同様にミサイルによる攻撃がいちばんリスクが少ないため、最近ではこれがおもな戦術となっています。

　しかしながら艦艇側もチャフや対空機関砲などで対抗してくることもあり、かならずしもミサイルによる攻撃が成功するとはかぎりません。そのため現在でも誘導爆弾や通常爆弾による攻撃が計画されることがあります。

　また比較的小型の艦船に対してASMを使用することは費用対効果の面でもあまり好ましくないため、目標によっては爆弾類による攻撃が実施されます。その場合、目標に対する攻撃パターンはやはりポップアップ攻撃などが効果的です。

　対艦ミサイルは、まず発射母機から目標の情報を得たあとに発射されます。母機から離れた直後に推進装置（ターボジェット・エンジンなど）に点火され、超低高度を目標に向かって飛行します。当初は慣性航法装置（INS[*2]）により自律的な航法が行われる慣性誘導で飛翔し、目標にある程度接近した時点で一度ポップアップして、レーダーや赤外線などのシーカーで目標を捉えて終末誘導に移行します。そのあとはシーカーからの情報により、目標に命中するまで飛翔を続けます。

第5章 素朴な疑問

爆弾によるポップアップ攻撃（アングルオフ）

目標に対して少し角度をつけてアプローチしながら、目標を斜めに見るようにポップアップ上昇したあと、ロールで背面姿勢にしながら目標を確認、照準を定めて爆弾を投下する

航空自衛隊のF-2やF-4EJ改に装備されるASM-2対艦ミサイル。国内開発されたASM-1の改良型で、長い射程を有するほか、赤外線画像シーカーの採用により高い命中精度を誇っている

写真/赤塚 聡

※1 **ASM**：Anti Ship Missile
※2 **INS**：Inertial Navigation System

187

Column 05   *Science of a Dogfight*

「離島奪還作戦」で戦闘機はどう行動する？

　昨今、離島奪還作戦という言葉がよく聞かれるようになりました。これは、武力により不当に占拠された領土（離島）を他国から奪還し、主権を取り戻すための作戦を指します。特に海洋国家であるわが国は離島が多く存在するため、島嶼防衛はもとより、万が一敵の作戦部隊に上陸されてしまった際の離島奪還作戦についても想定、準備しておく必要があります。わが国のケースに限定せず、一般的な離島奪還作戦において戦闘機の果たす役割には、どのようなものがあるのでしょうか？

　まず第一に航空優勢の確保が挙げられます。これは敵の航空戦力を撃破し、奪還する離島周辺の空域から敵の戦闘機や爆撃機などを排除する任務です。また航空機だけでなく、敵の地上部隊や物資を輸送する艦艇についても、対艦ミサイルなどで撃破する航空阻止任務を実施する必要があります。

　さらに敵の地上部隊に対する空からの攻撃をはじめ、上陸した味方の地上部隊に対して火力支援を行う近接航空支援任務も実施します。いずれの任務も、戦闘機ならではの迅速性や機動力なくして実現できませんが、最終的に奪還作戦を成功させるためには、陸・海・空の各部隊間の緊密な連携が欠かせません。

　なお、奪還したあとも航空優勢を確保し続けるためには、反撃に備えて戦闘空中哨戒（CAP※）などの任務を継続する必要があります。ただ基地から離島までの距離が遠い場合は、進出や帰投に時間を要することもあり、航空母艦（空母）などを保有していない限り、限られた戦力を常時投入し続けることは現実的ではありません。それでも奪還作戦を通じて断固たる意志を示すことで、敵の侵略の意図を挫くことが重要なのはいうまでもないでしょう。

※ **CAP**：Combat Air Patrol

《 参考文献 》

書籍

『防衛白書』	防衛省
『防衛省事業評価』	防衛省
月刊『J Wing』各号	(イカロス出版)
世界の傑作機『三菱F-1』	(文林堂)
『F-15イーグル』	(航空ジャーナル社)
『エンルート・チャート(ICAO ENRC 1)』	国土交通省 航空局
『Multi-Command Handbook 11-F16』	米空軍(USAF)
『USAF F-15 Flight Manual (TO 1F-15A-1)』	米空軍(USAF)
『Fighter Combat-Tactics and Maneuvering』	Robert L. Shaw/著

Webサイト

CombatAircraft.com　http://combataircraft.com/

※その他、防衛省をはじめ各国の政府機関、メーカーなどの公開資料、Webサイトなどを参考にしています。

写真/米空軍

索　引

数・英

1サークル・ファイト	124、125
2サークル・ファイト	124、125
H-M線図	22、23
LOALモード	68、69
V-n線図	18、19

あ

アクティブ・レーダー・ホーミング	64
当て舵	27
アブレスト隊形	138、140〜143
アラート・ハンガー	156
アンロード加速	32、33、44、45、50、51、56、57、152、153
異機種間戦闘訓練	160、162
イジェクション・シート	174
イニシエーター	174
インプレイス（フック）・ターン	138
撃ちっ放し能力	74、76、78、80
曳航式デコイ	90、91
エース・パイロット	98、110、148
エシュロン	128、132、138
エルロン	12、13、26、28、58、92
エレベーター	12、13
エレメント	138、154
エントリー・ウィンドウ	54、55
オーバーシュート	41〜43、46、48〜50、57、177
オフ・ボアサイト交戦能力	66〜68、177

か

会合点	147
カウンター機動	48
火器管制装置	103、122
課目	9、24、27、28、30、32
ガン・トラッキング	52
慣性誘導	64、68、74、76、78、186
基本戦闘機動	35、37、42、48、54、55

キルレシオ	102、133
近接航空支援	188
空中給油	93、109、111、115、119、147
グラウンド・マッピング	85
クラシックBFM	55、56
クロス・ターン	138
クロック・コード	40、41
撃墜率	76、102、105、109、113、133
航空学生	172、173
航空阻止	188
航空優勢	118、188
攻撃エンベロープ	177
交差角	40〜48、50、51、56、57、146
コーナー・ベロシティ	18、21、24、54、56、57、125
コントロール・スティック	12

さ

最終回避機動	52、176
最大運用速度	18、19
最低保有燃料	146
再発進準備	147
サステイン・コーナー・ベロシティ	21、24、54、125
シーカー	62、64〜70、72、73、76、77、81、93、177、179、182、186、187
自己防御装置	37、145、168、169、180
失速	14〜16、19、26、28、51、58、59、158、177
失速速度	18、19、21
射出座席	174、175
射出ハンドル	174、175
終末誘導	74、78、80、186
信管	62、63、65、69、70、76、77
推進装置	62、63、65、69、80、81、182、186

索引

推力偏向装置	63、159
スクランブル発進	118、156、157
スタビレーター	12、13、92
スタンドオフ兵器	184
ストール	14、15
ストライク・パッケージ	111
スピン	14、16、28
スロットル・レバー	12、92、94
制空権	100、104、112、118
赤外線ホーミング	64、66
設計運動速度	18〜21
戦闘空中哨戒	188
戦爆連合	111
全方位攻撃能力	114、182、183

た

ターニング・ルーム	54、57
ターン・アラウンド	147
耐Gスーツ	60
タック・ターン	138、139
探知・誘導装置	62、63
弾頭	62、63、69、76
チャフ	37、53、90、91、95、122、
	123、144、168、176、180、186
ディセプション	88
ディパーチャー	16
敵防空網制圧任務	111
敵味方識別装置	85、94、110、
	119、120、156
トス爆撃	185
巴戦	36、102、103、127
トラッキング・ゾーン	36

な・は

ノイズ・ジャミング	88
パッシブ	62、66、68、72、78
バトル・オブ・ブリテン	100、128、130
パルス・ドップラー・レーダー	84
飛行教導隊	170
飛行制御装置	62、63
ピッチング	12、13
ピュア・パシュート	41、46、54、55
ビンゴ・フューエル	146
ピンポイント爆撃	116

フィンガー・フォー	130、136
フェイズド・アレイ・レーダー	96
フック	138、139、158
フライト	154、155
フライバイワイア	34
プリタクシー・チェック	156
フレア	37、53、68、90、91、95、
	144、168、169、180、181
兵器発射可能領域	36、37、44、48、136
ヘルメット搭載型照準装置	68、182
方位角	40〜43、46、47、54、55、176
防空識別圏	118
ポストストール性能	158、159
ポッド	88、89、110、116
ポップアップ攻撃	184〜187

ま

マイナスG	52、53、60
ミサイル警戒装置	90、168
目視距離外戦闘能力	80

や

誘導抗力	15、17
誘導抵抗	15、21、22
揚力係数	14、16、18、19
ヨーイング	12、13
ヨーヨー	38、42、44、46、54、124
余剰推力	22、23、36、50、
	54、158、176、178

ら・わ

ラグ・パシュート	41、54、55
ラスト・ディッチ・マニューバー	52
ラダー	12、13、52、53、58、59
ラダー・ペダル	12、13、34、58、59
ランデブー・ポイント	147
リード・ターン	124
リード・パシュート	41、44、46
ルックアップ	65
レーダー警戒装置	90、120、122、
	168、169、180
レンジ	166
ローリング	12、13
ワイルド・ウィーゼル	111

サイエンス・アイ新書
SIS-409

http://sciencei.sbcr.jp/

ドッグファイトの科学 改訂版

知られざる空中戦闘機動の秘密

2012年9月25日　初版第1刷発行
2014年6月10日　初版第5刷発行
2018年6月25日　改訂版第1刷発行

著　　者	赤塚　聡（あかつか さとし）
発行者	小川　淳
発行所	SBクリエイティブ株式会社
	〒106-0032　東京都港区六本木2-4-5
	電話：03-5549-1201（営業部）
装丁・組版	クニメディア株式会社
印刷・製本	株式会社シナノ パブリッシング プレス

乱丁・落丁本が万が一ございましたら、小社営業部まで着払いにてご送付ください。送料小社負担にてお取り替えいたします。本書の内容の一部あるいは全部を無断で複写（コピー）することは、かたくお断りいたします。本書の内容に関するご質問等は、小社科学書籍編集部まで必ず書面にてご連絡いただきますようお願いいたします。

©赤塚 聡　2018 Printed in Japan　ISBN 978-4-7973-9505-1

SB Creative